SHODENSHA
SHINSHO

中国の情報機関

——世界を席巻する特務工作

柏原竜一

祥伝社新書

まえがき

昨年の習近平《しゅうきんぺい》政権の成立前後から、日中両国の間にはきな臭い風が吹いている。習近平自らが尖閣諸島の日本による国有化は「茶番」であると断言し、中国当局はハワイ領有の可能性すら主張しはじめている。人民解放軍の軍人からは「尖閣諸島付近に軍事演習地区を設けるべきだ」「沖縄は中国の属国だった」という発言も相次いでいる。

これらを裏付けるように、日中間での軍事的緊張も高まりつつある。２０１２年の12月以来、東シナ海上空で中国戦闘機による日本領空への接近飛行が急増していたが、２０１３年の1月10日には、中国軍の戦闘機が、米軍機を東シナ海上空で執拗《しつよう》に追尾するという事件が生じた。

さらに1月30日には、中国海軍の艦艇が海上自衛隊の護衛艦に対し、射撃管制用のレーダーを照射し、さらには、その前の19日にも、別の艦艇が海自のヘリコプターに同様の照射を行なっていたことが判明した。これに対して、小野寺五典《おのでらいつのり》防衛相は「一歩間違えば大変危険な事態が発生する。危険な行為には厳しく自制を求めていく」と述べ、中国側に強い自制を求めた。

まさに、一触即発の事態である。見方によっては「開戦前夜」と見えなくもない。

しかし、われわれ日本人は、中国共産党の、人民解放軍の意図をどれだけ理解しているだろうか。国家の秘められた意思は、情報活動に最も明瞭に現われる。だとすれば、中国情報機関、情報活動の内実を知ることによって、今後の中国の意図、能力をあきらかにすることができるのではないか。これが本書の問題意識である。

本書は、国家安全部、公安部をはじめとして、中国共産党傘下の情報機関、人民解放軍総参謀第二部、第三部、第四部、それに商務部を中心とする経済インテリジェンス機構といった中国情報機関の概要を紹介することを第一の目的とする。さらに、法輪功《ほうりんこう》の問題を取り上げることで、中国情報活動に内在する限界を示した。

第二の目的は、鄧小平《とうしょうへい》以降の中国外交と中国情報活動の関係を示すことである。本書は、冷戦末期の対ソ包囲網形成にあたって、中国の情報活動が果たした役割、それにベオグラードの中国大使館誤爆事件以降の、急速な中ロ接近の実態を紹介している。

第三の目的は、習近平政権の対日政策を、インテリジェンスの面から検証することである。

その一方で、中国情報機関によるプロパガンダ活動、政治工作、それに準軍事工作などについては紙幅の都合もあり、最小限にとどめざるを得なかった。前もってお詫びしておきたい。

現在の日本には、中国とビジネスの上で関わりを持たざるを得ない人・企業も多い。今後の中国がどうなるのか。そして日本との関係はどうなるのか。あるいは、日本は中国にどう対応するべきなのか。これらの問題を考える上で、本書がわずかでも一助になれば幸いである。

平成25年2月吉日

柏原《かしはら》　竜一《りゅういち》

目次

第4章　軍事スパイ活動の元締め――総参謀第二部　85

第5章　情報剽窃《ひょうせつ》――総参謀第三部　115

目　次

目次

第11章　インテリジェンスから見た習近平《しゅうきんぺい》政権　227

第1章　中国情報活動、その究極の目的

人民解放軍は『ヨルムンガンド』を目指す

まずは、次の話を読んでほしい。未来の戦争を描いた漫画『ヨルムンガンド』第10巻（高橋慶太郎著）の一場面である。

キューバ、グアンタナモ米軍基地。夜のキューバでは、ハリケーンの暴風雨が猛威をふるっていた。その暴風雨の最中、武器商人ココの私兵は、グアンタナモ基地から米海兵隊により移送中の量子物理学者、レイラ・ファーイザ博士、通称「ラビットフット」を誘拐した。

しかし、これはアメリカの国家安全保障局（NSA）の特別収集部G2部長、プレイム海軍中佐によって周到に仕組まれた罠《わな》であった。ラビットフットは、度を越したハッカー活動のためにCIAによってキューバにある秘密施設に拘束されていた。ラビットフットを別の場所に移送することで、ココの私兵をおびき出し、これを殲《せん》滅《めっ》するというのがプレイム海軍中佐の狙いであった。そのための部隊としてアフガニスタンから呼び戻していたのが、海軍特殊戦コマンドシールズチーム、9アルファ小隊、通称「ナイト・ナイン」である。この戦闘班は、全暗黒の中での戦闘のスペシャリストであり、音もなく素早く行動した。そのナイト・ナインがココの部隊に反撃したのである。

午後7時2分、ココの部隊がラビットフットを奪取した直後から、ナイト・ナインの部隊はココの部隊の追跡を始めた。ココの一隊は、キューバ国境まであと３０0メートルのところを移動していた。周辺にはキューバ革命軍グアンタナモ前線旅団の基地が存在しており、ナイト・ナインは、これらの基地に銃弾が撃ち込まれることだけは回避しなければならなかった。プレイム中佐は、人質はなるべく生かし、誘拐した戦闘要員は全部殲滅するよう、ナイト・ナインに指示を出した。

その一方で、離れたところから自らの部隊を指揮していたココも、奇妙な部隊が活動を始めたことに気がついていた。両者の間で激しい戦闘が始まった。ココの部隊は歴戦の傭兵から構成されていたが、米軍でもトップクラスの攻撃力を持つナイト・ナインに徐々に押されていった。戦闘の模様を逐一観察していた米軍の無人機プレデターを、ココは自分の手持ちの無人機から発射したスパイクＬＲミサイルで撃墜した。さらに、畳み掛けるようにＧＰＳ（全地球測位システム）のジャミングを仕掛けたのである。

これに対して、ナイト・ナインは、戦術データリンクに接続、リアルタイム位置情報を受信するようにした。しかし、これこそがココの狙いであった。ココは自らの親友であり「ヨルムンガンド」システムの設計者である日本人の天才女性科学者天田《あまだ》南《みなみ》博士に電話をかける。南は言う。

「あんたの言うとおり、敵部隊は戦術データリンクに接続したってさ。(……)この時点であんたの勝ちじゃん、ココ」

「いや、みんなが帰るまで、そうは言えない」とココは慎重な姿勢を見せるが、その一方で南にヨルムンガンドを起動させるように指示を出した。

ココの指示で、傭兵部隊は、ひたすら逃亡を続ける。しかし、それを追うナイト・ナインの隊員の間には少しずつ何とも言えない違和感が広がっていた。データリンクによって送られる地理情報と、目の前の地形が一致しなくなってきたのだ。そして、さらに追跡を続けると、彼らの目の前に立ちはだかったのは、あるはずのないキューバ軍の前線基地であった。ナイト・ナインから報告を受けたプレイム中佐は、ナイト・ナインに撤退を命じ、ココの部隊は無事ラビットフットをつれて逃げ延びたのだった。

後の調査によれば、データリンクがハッキングされた痕跡《こんせき》は全く存在しなかった。しかし、誤った地理情報が送られたのは確かであった。米軍のデータリンクに介入して、ナイト・ナインを撹乱《かくらん》させたのが、ヨルムンガンドであった。しかも介入の痕跡すら残さなかったのである。

以上、長々と紹介したが、たかが漫画といって馬鹿にしてはいけない。ここで提示された戦闘の光景は、とりわけアメリカで発達した「軍事における革命（Revolution in Military Affairs：ＲＭＡ）」の行き着く先の姿である。実際、オバマ政権においても、特殊部隊と無人偵察機の併用による準軍事作戦が多くなっている。オサマ・ビン・ラーディン殺害作戦はその代表的な例である。

技術的な面を少し解説すると、データリンクとは軍隊における情報処理システムを指す。指揮官の意思決定を支援して、作戦を計画・指揮・統制するための情報資料を提供し、またこれによって決定された命令を、指揮下の部隊に伝達するシステムである。これに対して、ココが、南博士とともに開発した量子コンピューターは、既存のコンピューターよりも計算速度がはるかに速いため、データリンクの暗号システムを易々《やすやす》と破ることができる。そして、126基の人工衛星による衛星測位補助システムを用いて、地球上のいかなる場所であっても、米軍のデータリンクに介入できるのだ。これがヨルムンガンドと呼ばれるシステムである。

武器商人にすぎないココがこのような壮大なシステムを作り上げた動機については、本編の漫画を読んでいただくとして、さしあたって注目すべきなのは、ヨルムンガンドのようなシステムの可能性である。ヨルムンガンドとは、北欧神話に登場する毒蛇の怪物であるが、現代のヨルムンガンドの前には、世界最強の精鋭をそろえた米軍ですら手が出ないのである。

本書は中国の情報機関を扱った書物であるにもかかわらず、延々と漫画の一節を引用してきたのには理由がある。それは、RMAと現在の中国人民解放軍の間に深い関連があるためである。人民解放軍は、ヨルムンガンドを目指している。いやより正確には、ヨルムンガンドを手にしつつあるといえるだろう。過去約30年にわたって、中国の情報活動は、米軍のような圧倒的な通常戦力をいかにして打倒するかを巡って展開されてきたといっても過言ではない。そして、その成果が徐々に姿を現わしつつあるのである。

本書は、中国の情報機関を組織ごとに紹介し、鄧小平《とうしょうへい》以降の活動を歴史的に考察することを目的としている。しかし、中国のインテリジェンスを議論するにあたっては、中国という国家の目的を明確にしておかねばならない。圧倒的な軍事力に対抗するという発想はどこから生まれたのだろうか。その問題を議論の始点としよう。

中国インテリジェンスの目的

情報活動とは、国家の意思と表裏一体の関係にある。国家の意思が情報機関や情報活動のあり方、方向性を規定し、逆に、情報活動から得られた知見が国家に進むべき道を指し示す。これは中国においても例外ではない。

したがって、中国のインテリジェンスという本題に入る前に、中国という国家が何を望み、何を必要としているのかを考察しておくことは有益であろう。いわゆる情報の要請（リクワイアメント）も、すべてはそこに由来するからである。

では、中国という国家の希望とは何か。それは世界に冠《かん》たる覇権国家となることである。中国は紀元前17世紀に興った殷《いん》に始まり、その後の周《しゅう》、春秋戦国《しゅんじゅうせんごく》時代を経て、秦《しん》において統一国家を形成する。それ以降異民族に支配される時期、複数の国家によって分裂する時期を除けば、東アジアで最大の覇権国家であった。この歴史的記憶から、現代の中国人のみならず海外で活動する中華系の人間ですら、そしていわゆる中国人の民主運動家ですら、大国としての復興を願うのである。

しかし、中国史とは、周辺異民族との対決の歴史でもあった。しかも、北方、もしくは西方からやってくる遊牧民族にしばしば国土を蹂躙《じゅうりん》されているのである。実際、代表的な兵法書『孫子《そんし》』においても、用間篇《ようかんへん》においてスパイ活動が取り上げられているが、中国において兵法が重視されたのも、こうした背景を考慮に入れる必要があろう。つまり、自らの脆弱《ぜいじゃく》な軍事力に対して、インテリジェンスによって国難を切り抜けようとするという指向性が、中国という国家のDNAに刻みこまれているのだ。「特務」が重視された草創期の中国共産党を見ても、そのDNAが健在であったことは明白である。毛沢東はかつて「権力は『銃口』から生まれる」と述べたが、より正確に言えば、中国においては「権力は『特務』」から生まれるのである。

そして、21世紀の現在、中国は再びインテリジェンスを手がかりに世界の覇権国家を目指しているのだ。

中国がアメリカを蹴散《けち》らす日

覇権国家としての中国とは、具体的には何を意味しているのだろうか。それは、現在の覇権国家であるアメリカの地位に取って代わる、もしくは、アメリカに並ぶ存在になるということである。

かつて文化大革命の時期に、中国の日本向け国際放送では「アメリカ帝国主義は、張り子の虎である」というスローガンがたびたび繰り返されたという。21世紀の中国はいよいよ「張り子の虎」アメリカを蹴散《けち》らそうというのだ。とはいえ、言うは易《やす》く行なうは難《かた》し、である。アメリカの軍事力・経済力に対抗するには、中国側の力不足は否《いな》めない。

我々日本人から見れば、アメリカと並び立つ覇権国家になるということは、どこか夢物語のように思える。しかし、我々日本人にとってしばしば理解しづらいのが、中国人の時間感覚である。彼らは、自らの政治目標を実現するにあたって、数十年かかることもいとわないのだ。中国という国家が、覇権国家としての地位を望むとしても、そこには長期的な計画があるのだ。そして、その計画は、少なくとも中国当局の見方では、実現しつつあるのである。

現時点において中国が、戦闘機であれ、空母であれ、通常戦力の面では米軍とは太刀打ちできないということは、当の中国自身がよく理解している。通常戦力の劣勢を補う要素としてしばしば指摘されるのが、三戦、すなわち世論戦、心理戦、法律戦である。しかし、それらの要素に加えて、人民解放軍が特に念頭に置いているのは、サイバー戦能力、そして第二砲兵部隊の戦略ミサイルである。米軍も中国人民解放軍によるサイバー戦を非常に警戒しており、対策に躍起《やっき》になっている。中国情報機関がアメリカの最新鋭核弾頭の情報をせっせと収集していたことを思い起こすならば、中国の覇権国家への道は情報活動によって築かれてきたといえるだろう。

ただ、これだけ壮大な目標を掲《かか》げた以上、膨大な人的資源が必要とされることは当然であろう。この点を次に取り上げることとしよう。

いつでも、どこでも、誰でも

「ユビキタス（いつでも、どこでも、誰でも）」という言葉が一昔前に流行したが、この言葉ほど中国インテリジェンスを形容するのに適切なものもない。人間のスパイ活動だけをとってみても、中国の代表的な情報機関である**国家安全部**や、**人民解放軍総参謀第二部**が、中国国内のみならず、文字どおり世界中で活動しているからである。これらの機関の膨大な数のエージェントがジャーナリスト、学者、商社員、あるいは政治亡命者として全世界で活動しているのだ。その活動領域は、東アジアはもちろん、アメリカ、西側諸国、ロシア、そしてアフリカにまで及び、中国情報活動の痕跡が見いだせない場所を探すのが困難なほどだ。そこに、**人民解放軍総参謀第三部**、**第四部**による通信情報活動並びにサイバー戦組織が加わる。さらに宇宙空間も中国インテリジェンスの対象であることは言うまでもない。

まず、中国を除く他の国家で情報活動に従事している人間の数を確認しておこう。『インテリジェンスなき国家は滅ぶ』（落合浩太郎編、以降『国家は滅ぶ』と略記）によれば、アメリカのインテリジェンスコミュニティーに所属する人間の数は、常勤で10万人、契約職員が10万人とある。英国の場合は、ＭＩ６としても知られる秘密情報部ＳＩＳが２０００名以上、国内の公安・防諜活動を担当する防諜保安部（ＭＩ５）で約３８００名、通信情報活動を担当する政府通信本部（ＧＣＨＱ）が約５５００名、国防情報本部（ＤＩ）４５００名、それに合同情報委員会の専従職員などが加わるが、おおよそ１万６０００名程度と見てよいだろう。

ドイツの場合は対外情報活動を行なう連邦情報庁（ＢＮＤ）の職員数は、公称で６００

0名とされる。防諜機関の連邦憲法擁護庁（BfV）の職員数は、2579名、軍における公安活動を担当する軍事防諜局（MAD）は1200名程度である。合計すれば1万名弱というところだろうか。

フランスの場合はもう少し多く、総計で1万2000名程度である。

それに対して中国で情報活動に従事する人間の数は、どれほどになるのだろうか。ロジェ・ファリゴの『中国の情報機関』（2010年刊、邦訳未刊行）によれば、国家安全部の本部職員で7000名程度であり、また先ほどの『国家は滅ぶ』の中で、高橋博《たかはしひろし》氏は、総参謀第三部は1万8000名であるとしている。これだけでも、すでに2万5000人を超える。実際には、そこに総参謀第二部の要員が加わるので、本部の職員だけでも3万名は下らないものと考えられる。したがって、ここに挙げた数字だけでも、アメリカを除く西側諸国の2倍から3倍の規模であるといえるだろう。

とはいえ、これがすべてではない。それは、中国国内でやはり公安防諜活動に従事する**公安部**、それにプロパガンダを担当する**中国共産党中央宣伝部**、**人民解放軍総政治部のプロパガンダ部門**は、ここに含まれていないからである。そして、サイバー民兵の存在を考慮するなら、中国国内で情報活動に従事する要員の数はさらに増加する。それに加えて、海外での中国インテリジェンスに目を向ければ、ヒューミント（人間のスパイ）活動の規模があまりに巨大であるために、実数となるとその何倍にも達するものと考えられる。

巨大な中国のヒューミント機構

ヒューミント活動の場合、担当士官（ケース・オフィサー）とエージェント（現場のスパイ）がセットになって活動する。中国の場合、担当士官は基本同志、エージェントは運用同志と呼ばれている。

基本同志は、専門教育を受けたプロの情報員であり、身分は中国国内では国家公務員もしくは地方公務員として処遇されている。功績の大きさや年功序列などによって組織内の役職は上がっていく。また、潜伏先で逮捕されることがあれば、「自国民保護」または「スパイ交換」等の名目で外国政府と交渉し、徹底的に守られる。

それに対して運用同志は、基本同志の働きかけによって、工作員となり、定期的にであれ不定期的にであれ、金銭を受け取り中国政府に協力するエージェントである。

では、基本同志、運用同志を含めて、総数はどれほどになるのだろうか。２００７年４月27日の『産経新聞』夕刊は、米軍事専門紙『ディフェンス・ニュース（電子版）』の報道として「台湾には潜伏中の中国工作員が5000名以上に上る」と伝えている。さらに、2005年にオーストラリアに亡命した中国外交官陳用林《ちんようりん》によると、同国には「数千名の中国工作員が潜入している」とされる。とすると、中国にとってオーストラリアよりはるかに重要な台湾で、エージェントの総数が5000名に留まることはあり得ないだろう。であるから、5000名というのは、かなり控えめに見積もった数字といえるだろう。

それでは、日本はどうだろうか。単純に計算すれば、台湾の人口（2千数百万）は、日本の人口（1億2600万人）の六分の一である。台湾のエージェントの数を5000とするなら、日本は3万となる。実際、『週刊ポスト』の2010年8月6日号は、日本にはおよそ3万人に上る中国の秘密工作員組織があることを詳細に報じている。したがって、少なくとも3万人が中国情報機関のエージェントとして活動していると考えてよさそうだ。

日本で3万人とすると、米国でも最低6万人は想定しなければならない。西欧諸国やオーストラリア、カナダ、それに東南アジア諸国で活動する基本同志、運用同志も含めれば、どうしても10万人は超えるのではないだろうか。そして、ここには国内で活動するエージェントは含まれていない。前述の高橋博氏によれば、国内のエージェントの数は5

万、海外で活動する要員は少なくとも4万と見積もられているので、国家安全部だけでも10万弱、人民解放軍の総参謀部を含めれば、10万を超えるのは確実だろう。

残念ながら、現在のロシアのヒューミント要員の実数を示す文献はないが、アメリカや西側諸国での活動実態から判断すれば、中国の後塵《こうじん》を拝《はい》していることは間違いない。規模の点だけで考えれば、中国は世界第二位のインテリジェンス大国なのである。

全体主義国家を支えるインテリジェンス

中国という国家の特徴は、旧ソビエト・ロシアと並ぶ巨大な全体主義国家であるという点にある。ここでの全体主義国家とは、党が国家機構の上に立ち、党が権力機構のすべてを一手に収める寡頭《かとう》制による独裁体制を指す。

それでは、全体主義体制におけるインテリジェンスとはどのようなものなのだろうか。手始めに、かつて共産中国がモデルとした旧ソビエト体制を取り上げてみることにしよう。

英国情報史学の泰斗《たいと》であるマイケル・ハーマンは、旧ソビエトのインテリジェンスに触れて、次のように述べている。

「ソビエトにおける情報機関は、権力に完全に従属しており、それ自身が抑圧機構の主要な一翼をなしている。情報機関の指導者は支配階級のエリートであり、情報活動のコントロールを自らの権力基盤としている。情報活動とは、国家の最優先事項の一つであり、海外での秘密工作と国内での抑圧活動とは、不可分なものと見なされている。情報収集、秘密工作、それに抑圧は、ソビエトの敵に対する闘争の武器として結びついており、それらの間に教義上の区別は全く存在しない。唯一賞賛されるインテリジェンスは、秘密裏《り》に確保されたものであり、指導者にとっての政策とはまったく関わりのない、あらゆる情報源による評価は、不可能である。そして情報が、体制に深く根ざしたイデオロギー的世界観と競合することもない」

ハーマンの発言は、ソビエトという全体主義体制の下での情報活動を、実に的確に要約している。情報機関が、権力（ソビエト共産党）に従属しており、対外活動と国内活動の区別がない。秘密裏に収集された情報だけが重視され、イデオロギー的世界観に合致しなければならない、というのが旧ソビエトの情報活動の特徴であったと言える。

こうした旧ソビエト体制の下でのインテリジェンスと、中国のそれとを比較すれば、中国のインテリジェンスは、「権力に完全に従属」し、「それ自身が抑圧機構の主要な一翼」

をなすという点で、旧ソビエトのインテリジェンス機構と軌《き》を一《いつ》にする。「情報機関の指導者」が「支配階級のエリート」であるという点でも同じである。対外活動と国内活動の区別がないということも、たとえば中国政府の法輪功《ほうりんこう》対策を見れば明らかであろう。

ただ、中国の場合に特徴的なのが、インテリジェンス活動が、親から子に継承される傾向が強いということだ。中国においては、役職が家系によって継承されるのは、インテリジェンスに限った話ではない。中国共産党の統治スタイルであるといった方がよいだろう。情報機関に限らず、中国の統治機構を研究するには人脈面での分析を欠かすことはできない。誰と誰が親しいのか。誰と誰のおかげでこの人物はこのポストを得たのか。こうした人脈面での分析が、中国の今後の動向を占う上での重要な武器になる。本書でも、人脈の分析を、できる限り充実させた。それは、中国の情報活動の将来を予測する上でも必要である、と考えたからだ。

しかし、中国と旧ソビエトのインテリジェンスとの決定的な差異は、なんといってもその柔軟性と開放性にある。旧ソ体制では、情報活動を秘匿《ひとく》することにひたすら重点が置かれていた。ソビエト情報活動の全貌《ぜんぼう》は「鉄のカーテン」に隠されたままだったのである。

それに対して、中国共産党、中国の政府機関、たとえば外交部や人民解放軍は、傘下にシンクタンクを擁し、そのシンクタンク自身が、インテリジェンスとは何の関わりもない機関として、外国の諸機関とも交流しているのである。また情報収集に際しても、一部の秘密エージェントだけに任せるのではなく、一般の学生、学者、実業家などにも大きく依存している。

それに加えて、軍の傘下の民間企業が積極的に情報活動に協力している。通信機器メーカーのファーウェイ社やZTE社がアメリカから警戒されているのもそのためであるし、インドネシアの子会社を通じてクリントン再選のための違法な資金提供を行なったのは、人民解放軍系の企業グループである保利《ほり》グループであった。民間の活動と政府、もしくは中国共産党の活動が渾然《こんぜん》として融合しているところに、中国インテリジェンスの特徴があると言えるだろう。

以上のことから、中国の情報活動の特徴を簡単に要約すると、次のようになるだろう。すなわち、中国の情報活動の目的は、中国という国家を世界でも冠たる覇権国家とすることであり、そのために中国は世界中で膨大な数のエージェントを運用している。そしてその全体主義体制を維持するために、開放的で柔軟な情報活動を展開しているということなのだ。

第2章　情報活動の主役・国家安全部

国家安全部全18局の全貌《ぜんぼう》

中国における近代的なインテリジェンス機構を作り上げたのは、鄧小平《とうしょうへい》である。恐怖の権力としての特務を、曲がりなりにも近代的な情報機構に作り替えたのは鄧小平であった。文化大革命（1966〜77年）の終了後、1980年代初頭から、中国のインテリジェンス機構は整備されていくが、それらのほとんどに鄧小平の意向が反映していた。鄧小平の時代に、対外経済情報、科学技術情報の収集に重点が置かれ、より近代的な情報機関である国家安全部の創設を見るのである。ここではまず、現在の国家安全部並びに他の情報機関の概要を紹介しよう。なお、中国政府内部で「部」は、日本政府での「省」に相当する。ここでは原語での表記を優先した。

2012年に刊行されたクェシー・グオ（Xuezhi Guo）による『公安国家 中国』（邦訳未刊行）によれば、現在の国家安全部の機構は、次のとおりとなっている。

第一局（機要局）暗号通信および管理
第二局（国際情報局）国際戦略情報収集
第三局（政経情報局）各国政治経済・科学技術情報収集

第四局（台港澳局）香港、マカオ、台湾情報工作
第五局（情報分析通報局）　情報分析通報、情報収集業務指導
第六局（業務指導局）所轄各省庁業務指導
第七局（反間諜情報局）対スパイ情報収集
第八局（反間諜偵察局）対外国スパイ追跡・偵察・逮捕等
第九局（対内保防偵察局）渉外組織の防諜、監視、内部反動組織や外国組織の告発
第十局（対外保防偵察局）外国駐在組織人員および留学生の監視・告発、域外反動組織活動の偵察
第十一局（情報資料センター局）文書・情報資料の収集と管理
第十二局（社会調査局）民意調査および一般的社会調査
第十三局（科学的偵察技術局）科学的偵察技術・機器の管理・研究開発
第十四局（技術偵察局）郵便物検査と電気通信偵察・告発
第十五局（総合情報分析局）総合情報分析・調査研究
第十六局（映像情報局）衛星情報判読を含む各国の政治経済軍事関連映像の情報
第十七局（企業局）担当組織所属企業、事業ユニットの管理

第十八局（対テロリズム局）テロ対策担当

これらの部局以外にも、法務局、ビデオ・センター、党組織委員会、退役職員局、党規委員会、党組織学校、教育訓練センター、監察局、総務局、組織サービスセンター、訓練局がある。国内部門では、国内の各省にも事務所が設置されており、さらにその下に工作部門、調査部門が置かれている。

国家安全部部長の下には、工作担当副部長と管理担当副部長が控えている。これらの部局は工作担当もしくは管理担当部門を構成している。この組織図を見て気がつくのは、国家安全部が対外情報活動、国内情報活動、それに国家安全部内部を対象とする保安機関をすべて備えているということだろう。その意味では組織としては、原則として対外情報活動だけを担当するＣＩＡよりは、旧ソビエトの国家保安委員会（ＫＧＢ）の方にむしろ似ていると言える。

国家安全部の任務と役割

国家安全部の任務について、もう少し詳しく解説しよう。

国家安全部の第一の役割は、対外情報活動である。

国家安全部は、たとえば、東京、バンコック、シンガポールといった積極的に活動する支局を管理している。大使館の内部では、「参事官」もしくは「二等書記」といった外交カバーを用いている。

対外情報活動という意味では、最大のターゲットは台湾である。特に第十五局は「台湾学術研究センター」と呼ばれ、台湾工作が専門である。第四局、第五局、第十一局も同様に台湾工作を任務としている。

そしてその台湾工作の舞台となっているのが日本なのである。日本は1972年まで台湾と国交を結んでおり、政財界も台湾との関係はことさらに強い。香港においても同様の工作は展開されているが、1997年からは中国領となった。そのために、台湾工作の拠点としての香港は重要性を失っている。スパイ防止法もない日本は、台湾の情報を獲得するには格好の国なのである。

それ以外の国家安全部による対外工作目標としては、経済情報、技術情報の獲得、海外で活動する反体制派の追跡、各国政府、政治組織への工作などを挙げることができる。

国家安全部の第二の役割は、国内における防諜・公安活動である。第七局の反間諜情報局は、海外からのスパイ活動に対抗するために表だって大がかりに情報収集を行なっている。それに対して、第八局の反間諜偵察局は、個々の海外のエージェントを追跡し、捉《とら》えることを目的としている。これらの部局にとって北京の各国大使館、それに上海や広東といった大都市に置かれた外国の領事館も監視の対象である。

また、国家安全部は、公安部よりは限定されているものの、国境警備部隊を持ち、さらに中国版の強制収容所である労働改造所（ラオカイ）も管理している。1983年4月に国家安全部の指示により、そうした強制収容所の一つに収監されたのは、天津における台湾の情報網を構成していた「大陸会」の構成員と、スパイ罪で10年間の禁固という判決を受けた弁護士のファン・ハンソン（Huang Hanson）であった。

その後も、この中国版強制収容所に収監される人物の流れは絶えることがない。2007年12月には、反体制派のフー・ジア（Hu Jia）が収監された。それは、彼が、北京オリンピックにおいて、オリンピック国際委員会が約束する表現の自由が実現されるべきだと、最初に主張したためである。

国家安全部の第三の役割は、自らの組織防衛である。海外の情報機関による浸透工作に対抗するために、国内の組織を対象とした第九局の対内保防偵察局、それに海外にいる組織、要員を対象とした第十局の対外保防偵察局が設置されている。国内では、渉外組織の防諜、監視、内部反動組織や外国組織の告発が行なわれており、海外では、外国駐在組織人員および留学生の監視・告発、域外反動組織活動の偵察が実施されている。

国家安全部の役割はそれだけに留まらない。通信情報活動や衛星画像の分析といった画像情報活動が、それぞれ第十四局、第十六局によって行なわれている。経済情報活動を担当しているのが、第十七局の企業局である。そして国内に広がる国家安全部の支局、支部などを統括しているのが第六局の業務指導局であると考えられる。

ただ全体を通して言えることは、国家安全部における分析部門の貧弱さである。かつては中国現代国際関係研究院（CICIR）というシンクタンクが国家安全部に所属していたが、現在では、このシンクタンクは中国共産党の管轄となっている。第十五局も、台湾を専門とした分析部門なのでトータルな立場から情報分析を行なう部門が確固たる地位を占めているようには見えない。工作には熱心だが、地味な情報分析にはエネルギーが注《そそ》がれていない実情を、この組織図から見て取ることができる。

日本の警察庁に相当する公安部

中国国内の防諜活動・公安活動については、国家安全部と並んで公安部の管轄でもある。公安部は、日本の警察庁に相当する。国家安全部とは異なり、公安部は国家の物理的な保安を主要な目的としており、すべての地方警察、政府の保安機能（税関をはじめ空港、鉄道、産業の保安）を担当する。なお、治安の維持を主に担当する人民武装警察は、共産党中央軍事委員会の管轄下にある。

１９８０年代の改革開放政策以降、中国指導層にとっての懸念は、その開放政策がもたらす悪影響である。海外との接点が増えれば増えるほど、中国国内で共産主義体制への幻滅感が広まり、容易に民主化・反体制運動に結びつく。共産党の一党独裁体制を維持するためには、反体制運動の抑圧は必要なものになる。国家安全部や公安部によって現在の体制は支えられていると言ってもよいだろう。

共産党が独自に保有する情報機関とは

〔対外連絡部〕

次に中国共産党に直属する情報機関の概要を説明しておこう。

対外連絡部は、中国共産党の対外関係を担当する部門である。1951年に設置された。創設当初の主要な目的は、共産主義もしくは左派政党との関係を深めることであった。しかし、機能から言えば中国共産党の代表的な対外情報機関であった。それは耿飈《こうひょう》や喬石《きょうせき》といった中国情報活動の重鎮の出身部局であることからも明らかである。現在の部長は王家瑞《おうかずい》である。

しかし、残念ながら日本の民主党政権においては、中国共産党の対外連絡部が情報機関であるという認識が見られなかったようだ。驚くべきことに、民主党は、日本国民の税金である政党助成金を用いて、対外連絡部の職員を一橋大学に留学させていたのである。国会でこの問題を提起したのは、自民党（参議院）の西田昌司《にしだしょうじ》議員であったが、西田議員の質問に対して、当時の野田佳彦《のだよしひこ》首相は事実関係を認めた上で目的についてこう答弁した。

「日中の友好促進にとってお互いの理解を深めるには国対国、民間対民間あるいは政党対政党、さまざまなチャンネルを通じた交流は必要だ」

しかし、税金を用いて、他国の情報機関の職員を留学させたというのは前代未聞の事態である。しかも、それを首相自ら認めているのである。民主党政権下では、これ以外にも首相官邸に歴史上初めて人民解放軍の現役武官が出入りしていたこと、中国や韓国のジャーナリストだけを対象にした報道ブリーフィングが行なわれていたことが明らかになっている。民主党政権が続いていれば、必ずや日本は存亡の淵《ふち》に立たされていたことであろう。

〔統一戦線工作部〕

統一戦線工作部の主な役割としては、民族問題の処理、華僑《かきょう》・華人を主な対象とする工作、香港・台湾に対する工作を挙げることができる。後に述べるように、香港返還交渉においても、統一戦線工作部は大きな役割を果たしている。たとえば、統一戦線工作部部長は、中央対台湾工作領導小組（中国共産党内部で台湾政策を審議する作業グループ）に、プロパガンダ担当として参加している。現在の部長は、胡錦濤《こきんとう》の最側近であった令計劃《れいけいかく》である。

〔中央政策研究室〕

総書記の指示を受け、重要な政策問題の調査研究、政策文書の起草、中央指導者に対する助言を行なう。具体的には、長期予測や経済の動向などを調査しているようだ。現在の室長は王滬寧《おうこねい》である。

〔中央宣伝部〕

中国共産党のイデオロギー、路線、方針、政策を宣伝・教育する組織である。各地の党委宣伝部を統括するほかに、新聞、出版、教育、テレビ、ラジオに及ぶ広範な部門に対して指導を行なう中心的なプロパガンダ機関である。現在の部長は劉奇葆《りゅうきほう》。プロパガンダ機関としては、他に人民解放軍総政治部のプロパガンダ部門がある。

鄧小平《とうしょうへい》による中国情報機関の再建と近代化

中国の情報機関の歴史全体を眺めると、鄧小平以前と以後ではっきりと分けることができる。鄧小平以降の、中国情報活動の主役は国家安全部である。ここでは、その歴史を簡潔に振り返っておくこととしたい。

文化大革命の後、中国はいまだに不安定な状態にあった。それは情報機関も同様で、文化大革命で大きく損《そこ》なわれた情報活動をどうやって再建するか、それが問題であった。

この難問に対する手がかりは、鄧小平の外遊によって与えられた。１９７９年１月に鄧小平は、後に国家安全部の初代部長となる凌雲《りょううん》を伴って訪米した。凌雲は、訪米に際して、アメリカのＦＢＩとシークレットサービスと協力して中国共産党指導者の警備にあたった。

訪米にあたって、鄧小平の最大の懸念は、台湾の国民党の情報機関による暗殺であった。それに加えて、アメリカの毛沢東主義者が彼の外遊を妨害しようとしていた。鄧小平への反対派であった革命的共産主義党は、「反鄧小平」デモを組織していた。

こうした懸念にもかかわらず、一週間に及ぶ鄧小平の訪米は成功裏に終わった。ヒューストン、シアトル、アトランタなどの工業地帯を訪れ、ロケットや航空機、自動車、通信技術産業を視察した鄧小平は帰国する飛行機の中で、祝杯のシャンパンをあけた。その飛行機の中で撮《と》られた鄧小平と凌雲の写真が残っている。

訪米の成功により、凌雲は鄧小平から大いに信頼されることになった。そして、これ以降、ソビエト・ロシアに代わる国家のモデルとして、アメリカが意識されることになったのである。

初代国家安全部部長、凌雲《りょううん》の数奇な経歴

凌雲のキャリアを簡単に紹介しておこう。凌雲は1917年に、上海南部の嘉興《かこう》市に生まれた。日本を中国から追い出すために、彼は20歳のときに中国共産党に入党した。そし

て、１９３９年には延安《えんあん》の共産党の本拠地に合流した。それから、３年後、後に毛沢東の片腕として情報機関の責任者となった康生《こうせい》と中央社会部の下で、整風《せいふう》運動の一環として尋問を担当した。整風運動とは共産党による反対派粛清運動であり、激しい拷問で恐れられたが、そこで重要な役割を果たしたのが康生であった。１９４９年に、中国共産党が中国全土を「解放」すると、凌雲は済南《さいなん》市の公安部局長に就任した。済南市は康生の出身地でもあったのだが、この頃から康生は、凌雲とは距離を置きはじめる。それは、凌雲の任務が康生本人の監視にあったためである。

その翌年に、凌雲は、これまた整風運動で名を馳《は》せた李克農《りこくのう》が部長を務める中央社会部第二局の局長に就任する。その任務は防諜活動の拡大であった。凌雲は、撫順《ぶじゅん》の戦争犯罪人管理局を創設した。それは、旧体制下の国民党の将軍や他の指導者を転向させることであった。そうした経緯から、元満州国皇帝・溥儀《ふぎ》の尋問も彼が担当した。

その後も凌雲は順調に出世を続けた。広東省の防諜担当責任者を務めた後、公安部の副部長となり、済南市の全人代代表にも選出された。そして公安部の政治犯収容所である秦《しん》城《じょう》監獄の近代化にも取り組んだ。

しかし、そこに文化大革命の嵐が吹き寄せる。この文化大革命により公安部は崩壊するのである。1968年1月に、凌雲は公安部の他の同僚とともに逮捕された。かつての同志であった康生、謝富治《しゃふじ》、汪東興《おうとうこう》等の差し金によって、今度は防諜活動の専門家が秦城監獄に収監されたのだった。その後、彼らは厳しい尋問や拷問を受け、文化大革命が終わるまで抑留されたのである。

監獄で命を失う同僚も多かった中で、文化大革命終焉《しゅうえん》間際の1975年8月に、凌雲は釈放された。1978年に凌雲は再び公安部副部長と上海全人代代表に就任し、復権を果たした。この凌雲の許《もと》で中国のインテリジェンスは再建されることになるのだ。

1983年6月16日の全人代第6回大会で趙紫陽《ちょうしよう》首相は、国家安全部の創設を発表した。首相は「国家の安全保障を確保し、防諜活動を強化するために、これらの任務を担当する国家安全部を創設する計画の承認を求め」たのである。

約7000名の官吏が集められた国家安全部は、初代部長の凌雲の指揮の下で、対外情報活動と国内情報活動を担当することになった。国家安全部は、主として、世界中に分布する大使館での情報収集を担当する中国共産党中央調査部、それに、国内で防諜活動に取り組む公安部の要員から構成された。とはいえ、公安部は、地方でスパイと反体制派を発見するための防諜部隊を手放さなかった。そして国家安全部の副官も公安部の防諜部門の出身であった。

凌雲は、鄧小平と彼の娘、鄧楠《とうなん》から指示を受けていた。鄧楠は、ワシントン大使館の武官を務めたこともある夫の賀平《がへい》のおかげで、軍事情報部とも深く結びついていた。凌雲は、人民解放軍の葉剣英《ようけんえい》元帥と、公安部での防諜活動の専門家であった劉復之《りゅうふくし》の支持も受けていた。ちなみに、葉剣英元帥の息子もまた人民解放軍の情報部を担当することになる。

北京の頤和園《いわえん》にほど近い西苑にあった共産党中央調査部の建物が、国家安全部の建物として拡張され、近代化が施《ほどこ》された。創設当初、国家安全部は十数局もの部局から構成されることになった。

凌雲の悲劇的な最後

新たに創設された国家安全部の部長にまで上り詰めた凌雲のキャリアは、突然悲劇的な最後を迎える。その原因は、国家安全部外事局局長の兪真三《ゆしんぞう》にあった。当時の国家安全部の外事局は、アメリカの対外情報機関ＣＩＡ、ドイツの情報機関ＢＮＤ、英国の情報機関ＳＩＳ、フランスの情報機関ＤＧＳＥといった外国の情報機関との連絡業務を担当していた。その中には、文化大革命後、北京に舞い戻ったソビエトのKGBも含まれていた。さらに、各国の外交官やジャーナリスト、それに観光ビザで入国する旅行者を監視している政治保安局とも緊密な連絡を取っていた。

兪真三は、江青《こうせい》の前夫の息子であり、康生の養子でもあった。江青と康生は、かつては愛人関係にあり、その後、毛沢東が江青を妻にしたのである。兪真三の父親は聶栄臻《じょうえいしん》の友人でもあった。つまりは、有力な人脈のおかげで、兪真三は外事局長のポストを手にしていたのだ。

兪真三は、国家安全部が創設される前、公安部外事局長を務めていたが、1981年に、訪問中の香港で、スパイとして徴募した美しい外国人女性に一目惚《ぼ》れしてしまった。彼女はCIA香港支局長のロバート・グレリーの事務所で働いていた女性であった。以来、兪真三はCIAに取り込まれ、中国共産党の海外連絡網を明らかにしてしまった。その結果、CIAは組織内の「モグラ」の目星をつけることができた。CIAは、兪真三との連絡で、フランス、台湾でも中国のエージェントが次々と検挙された。CIAからの連絡愛人を介した接触を、香港だけでなく、北京でも行なった。

ところが、兪真三に疑念を持っていた凌雲に対して国家安全部警備局は「兪を黙認し、今のままにしておいてほしい。彼はCIA内の『モグラ』作りを心得ている。兪の行動を信用していただきたい」という、一種の警告とも思える要請を行なった。

１９８５年の夏、兪真三が相変わらず凌雲の意に反した行動をとったために、凌雲は兪真三を左遷すると、兪真三はアメリカに亡命し、凌雲は解任されたのである。中国共産党は凌雲に代わって賈春旺《かしゅんおう》を国家安全部部長に据えた。

この凌雲の失脚に関しては多くの説がある。一つは、兪真三亡命の責任をとらせたというもので、表面的に見る限りは、理解しやすい原因ではある。もう一つは、兪真三がCIAの情報収集のパイプ役を務める重要な人物で、CIA内部での人脈作りの邪魔をしたために、解任されたというものである。また、この女性問題を抜きにしても、凌雲が人脈に左右される国家安全部の運営を健全化させようとしていたとも見なせる。しかし、真相は不明のままである。

ちなみに兪真三の兄弟の兪正声《ゆせいせい》は、亡命事件をきっかけとして一時失脚したが、２０１２年現在では共産党中央委員会（中央政治局常務委員）に返り咲いている。

90年代、賈《か》春《しゅん》旺《おう》時代の組織強化

康生亡き後、1980年代半ばから中国情報機構で大きな影響力を持ったのは喬石《きょうせき》であった。喬石は1963年から1982年にかけて、共産党対外連絡部に所属し、研究員、副局長、局長、副部長とキャリアを重ねていった。1985年に兪真三がCIAの工作によって亡命すると、喬石は中央政治局局員に昇進した。その際に、中央政法委員会書記のポストにも就任している。中央政法委員会は国内の警察・司法・公安活動を管轄する委員会であり、それと同時に出身官庁である対外連絡部は、対外情報活動に関わりの深い部局なので、喬石は中国情報活動に大局から影響力を及ぼしていたといえる。政治的なスタンスとしては、穏健派であり、1989年の天安門事件に際しては、いったんは江沢民《こうたくみん》らの保守派と対立した。最終的には弾圧に賛成したものの、しこりは残ったようだ。

国家安全部部長に就任して以来、香港返還までの12年間、賈春旺は組織の強化に努めた。喬石の後押しを受けていたことは言うまでもない。天安門事件が起きるまでは、趙紫陽首相の意向すら無視して、喬石の強い意志のもとに組織強化が行なわれた。当時の課題は、香港・マカオ返還工作を除けば、世界中に散らばった反体制派を追い詰めること、チベット分離派などを対象にした国内治安体制の強化であった。

７０００名のエージェントと職員を擁する賈春旺体制下の国家安全部は、重要な職責を担《にな》っている割には、当時から、官僚機構での序列が相対的に低かった。そこで、賈春旺は他の省庁の職員を公募し、国家安全部の人脈を中国官僚組織内に張り巡らした。また、国家安全部の部員に経済情報を収集させるべく再教育し、香港やマカオの企業に送り込んだ。中国銀行などの中国系企業や、日本の経済産業省に相当する対外貿易経済合作部（ＭＯＦＴＥＣ、後の商務部）などでも彼らを活動させた。

経済情報収集の面では、１９８２年2月に、対外貿易経済合作部が誕生し、陳慕華《ちんぼか》が部長を務めた。対外貿易経済合作部、そしてその後身の商務部の国際局が、国家安全部の派遣要員の重要なカバーを提供することになった。これは、鄧小平の指示に基づくものであった。

香港返還工作における情報機関の暗躍

80年代から90年代にかけての中国情報活動の最大の成果は、香港・マカオの返還である。現在のような形で英国から香港を、そしてポルトガルからマカオを返還させたことは、中国にとっては情報活動における大きな勝利であった。少し時代はさかのぼるが、香港返還工作について、少し詳しく説明しよう。

中華人民共和国が成立した１９４９年以降、中国と英国の間で冷戦期の情報戦の幕が切って落とされた。英国の防諜機関である防諜保安部（ＭＩ５）は、特捜部（スペシャル・ブランチ）を設置した。香港に侵入する中国共産党や人民解放軍のスパイに対抗するためであった。特捜部の局員は政治担当警察官という肩書きで英国から香港に送り込まれた。

彼らの役割は、共産主義からの香港死守であった。というのも、香港に対して中国側から侵入作戦が頻繁に行なわれていたためである。それに加えて、香港内部の不穏分子の監視も常時行なわれていた。香港転覆を計画・実行する能力を持つ反体制派リーダーも監視されていた。中国側は新華社香港支社を中心に情報活動の拠点としていた。

当初ＭＩ５は、中国の情報戦に対してめざましい働きを示した。人民解放軍のエージェントによる香港官憲暗殺作戦や、国境での偶発に見せかけたテロを未然に防いだ。

１９６７年になると、中国本土での文化大革命が香港にも飛び火した。九龍《クーロン》では労働組合が労働条件の改善を求めてストライキを敢行した。しかし、瞬《またた》く間《ま》にストライキは圧殺された。蜂起の再発を恐れた香港当局は、数百人の労働者を即座に逮捕したのである。

英国側の反撃はそれだけに留まらなかった。文化大革命の時代には、英国はアメリカなどとともに中国に対して情報戦を仕掛けていた。紅衛兵《こうえいへい》と共産党指導部の裂け目を増大させ、暴力を伴った内部抗争を促《うなが》したのである。作戦は部分的には成功した。反毛沢東ビラを気球で飛ばしたり、偽の労働組合組織、偽の政治組織をでっち上げたりした。その結果、さまざまな分野で不穏な噂《うわさ》が広まり、紅衛兵と共産党指導部の対立は激化、内部抗争は暴力を伴うようになったのである。

この内部抗争に油を注いだのが、米英の海賊放送であった。電波は大陸の奥深くにまで届き、大きな成功を収めた。盛んに毛沢東や林彪《りんぴょう》、江青など、指導者たちの政治的、性的アングラ情報を流した。同様に、ソビエトも中国に対して、反毛沢東キャンペーンを行なっていた。こうした米英情報機関の心理作戦が毛沢東派を刺激し、虐殺をあおったとも言えるだろう。

攻守が逆転するのは１９７０年代に入ってからである。１９７１年には中英の国交が復活する。その2年後の１９７３年2月に、ロンドンで、一件のヘロインスキャンダルが暴露された。『イブニング・スタンダード』紙は、「レニーと彼の恋人は、ヘロイン不法所持と売買で起訴された。二人の逮捕をきっかけとして、ロンドン警視庁は中国人ユ・オン・ヤオなど17名をジェラード・ストリートでの麻薬売買の罪で逮捕した」と伝えた。

レニーがむさぼったヘロインはマレーシア三合会（中華系マフィア）の品物であった。しかし、その点がスキャンダルの核心なのではない。レニーが秘密情報部（SIS）の長官ジョン・レニーの息子だったのだ。

レニー長官は事件発覚後、彼のポストを引き継ぐ副長官のモーリス・オールドフィールドに辞職願を提出した。しかし、これこそが中国側の狙いであった。これは、オールドフィールドをSIS長官に押し上げるための中国側の陰謀だったのである。

ヘロインスキャンダルの始まりは、香港から流された情報であった。英国のマスコミは情報の裏を読み切れないまま、鵜呑《うの》みにして報道した。この陰謀の背後には、当時の中国の最大のスパイマスター康生がいた。彼は英国情報機関を手の内におさめようとしたのだ。

オールドフィールドはシンガポール支局長時代の1950年に、すでに中国側に取り込まれていた。シンガポールでは、オールドフィールドは足繁《しげ》く美少年売春宿に通っていた。売春宿は、中華系マフィアの三合会の経営である。そればかりか、その背後で中国情報機関が売春宿を操《あやつ》っていたのだ。そのため、中国側に弱みを握られたオールドフィールドは、二重スパイに仕立て上げられたのである。

これは余談であるが、現在でも国家安全部と三合会の間には緊密な協力関係が見られる。中華系マフィアの利用も、中国インテリジェンスの特徴と言えるのだ。

話を元に戻すと、レニー失脚作戦は成功し、中国の「モグラ」であるオールドフィールドは中国側の思惑どおりに、ハロルド・ウィルソン労働党政権下のＳＩＳ長官となった。

その結果、香港での英国情報機関の役割も大きく変質することとなった。香港の英国情報部は、中国の共産党中央調査部の現地担当者と手を結び、共同の敵、すなわち、香港の民主活動家を共同で監視することになったのだ。国益の一致した中国と英国は、共同で危険な香港市民の監視組織を作り上げた。それが「地域情報委員会」である。

１９７８年になると「地域情報委員会」の機能は強化された。表向きは三合会のような組織暴力団体の監視を職務としていたが、実際は、低社会層保護団体や環境団体、それに香港の独立を目指す政治団体を監視していた。団体・組織への手紙の解読、幹部への電話盗聴、および内部スパイの徴募・育成などの公安活動を展開していたのである。しかし、先に挙げた三合会は、監視対象から外されていた。

１９７９年には、英国でサッチャー政権が成立する。それ以降、香港返還問題は急展開を見せた。１９８４年の中英合意文書を契機に、英国の中国側への迎合傾向がますます強まったのである。これ以降中国の側でも香港・マカオ、さらには台湾回収に向けた情報活動が積極的に行なわれることになる。特に香港回収工作は「秋の蘭」、マカオ回収工作は「冬の菊」というコードネームで呼ばれていた。

1983年には新華社香港支社長として許家屯《きよかとん》が派遣されている。彼は、香港における情報活動の事実上のトップであった。彼の許《もと》で国家安全部と公安部の情報機構が整理統合された。無事返還が行なわれるように香港の世論工作を行なったのも、また香港に根強かった台湾支持派の勢力を切り崩したのも許家屯であった。

最終的には、1997年に香港が、1999年にマカオが中国に返還されたが、そこに許家屯の姿はなかった。彼が1990年にアメリカに亡命したためである。その理由は、1989年の天安門事件にあった。

天安門事件の事後処理と国家安全部

1989年初夏の北京は、革命前夜の様相を呈《てい》していた。北京の天安門前の広大な広場は学生と市民によって占拠されていた。学生と市民たちの民主化要求は人民解放軍によって圧殺されたが、虐殺された死者の人数はいまだに不明である。この年の11月にはベルリンの壁が破壊され、共産圏が音を立てて崩れはじめた転換の年であった。

しかし、インテリジェンスという意味で興味深いのは、その後日譚《ごじつたん》である。天安門事件の余震が続いていた１９８９年の秋、夜陰に紛《まぎ》れてマカオ沖に密航船が出没するようになった。天安門事件で民主化を声高《こわだか》に叫び、当局から追われている学生やそのシンパたちが脱出を図っていた。反体制派の国外脱出の背後には、驚くべき事実が隠されていた。脱出のルートを設定したのは、国家安全部だったのである。反体制派を体制側である当局が援助したのだ。なぜこのような茶番劇が生まれたのだろうか。それは、天安門事件に参加して自由を叫んだ学生の中には、共産党幹部や政府高官の息子、娘が数多く含まれていたためである。なんのことはない。親が子供を助けたのである。

しかし、国家安全部はそれらの亡命者の中に「黒い羊」と呼ばれる二重スパイを送り込むことを忘れなかった。彼らは上手に身分を隠し、反体制派学生組織に潜《もぐ》り込んだのだった。「黒い羊」は各国の大使館教育部（国家安全部のカバー）と連絡を保ちながら、反体制派学生を監視していた。この「黒い羊」作戦は、ロンドン、パリ、東京、ニューヨーク等の都市で展開されていた。これに対して、英国、それにフランスは「黒い羊」を隔離することで、亡命者の安全を図った。

フランスも独自に反体制派の脱出作戦を敢行している。それは「イエロー・バード作戦」と呼ばれた。これは当時のミッテラン大統領の指示により開始された作戦であった。フランス外務省は反体制派学生に偽パスポートを発行する。発行後、外務省職員が同行して、香港から彼らをフランスに入国させる。10回ほどの偽パスポート作戦により、香港に逃げ出してきた約100名の反体制派学生を、欧州、日本、アメリカなどに再び脱出させることに成功したのだった。その際に、反体制派を最も効果的に支援したのは、香港のショー・ビジネス界の人々や三合会であった。

この天安門事件は、西側諸国に中国に対する疑念を深く植え付けることになった。しかし、それは中国にしても同様だったのである。

共産主義体制の崩壊、動揺する中国情報機関

1990年代初頭、鄧小平が最も嫌っていた言葉は「連帯」であった。ポーランドの「連帯」運動から、東欧における共産主義体制の崩壊は始まっていた。国際労働運動、バチカンのヨハネ・パウロ2世、CIAも「連帯」運動に協力していた。こうした国際包囲網がいつ中国を襲うかもしれない。なによりも、中国も天安門事件を経験していたのである。
江沢民《こうたくみん》も鄧小平の懸念を十分に理解していた。それゆえ、江沢民の下での経済を中心とした対外開放政策には、国内における犯罪と反対勢力の抑圧政策が伴っていた。特に90年から98年まで公安部部長を務めた陶駟駒《とうしく》が先頭に立って国内の抑圧政策を遂行した。陶駟駒は、事前にあらゆる破壊活動、抗議運動に対応可能な即応部隊を創設した。それと同時に、対外・国内情報活動も強化した。北京の商店や街角には、スパイや情報提供者が配置され、政府給費留学生から実業家に至るまで、あらゆる外国人の些細《ささい》な動きや、それに呼応した中国人の動向がチェックされるようになった。

対外的には、アメリカ、それにロシアに対して大使館を中心としたエージェントの配置が増強された。これらのエージェントは、大使館員やジャーナリストの肩書きで活躍していた。情報活動は、独裁体制の存続を保障する最も堅固な支柱の一つであることには変わりがなかった。そして中国はそのための資金を徐々に増大させたのである。

ただ、天安門事件以降、中国のインテリジェンスコミュニティーの中に亀裂が生じつつあったことも確かだ。

中国共産党の指導者たちは、喬石に、反体制派の追跡を命じた。しかし、その危険は月日とともに薄れていった。江沢民と上海閥は、古株の保守派の助力により、反体制派を国外に追放できると考えていた。一方で、喬石は反体制派の追跡には消極的であった。実際、国外に逃亡する反体制派学生を、ほぼ黙認していたほどである。

とはいえ、この動きの背後に喬石だけが存在していたのではない。喬石は、情報機関の幹部らとの関係を秘密裏に維持していた。その結果、改革派に同情的な派閥と、改革派に否定的な派閥が情報機関内部に併存することになった。

曽慶紅《そうけいこう》による対外情報活動の強化

喬石はさまざまな情報機関の要所要所に喬石派の人材を配置していたので、総書記の江沢民も、上海閥を中心とした自分の配下を昇進させねばならなかった。中でも重要であったのが、曽慶紅《そうけいこう》であった。彼は1993年に中央弁公庁主任兼中央直属機関工作委員会書記に就任した。

上海出身の客家《はっか》である曽慶紅は、江沢民とともに北京で勢力を伸ばした。曽慶紅は親が党幹部である典型的な太子党《たいしとう》であった。彼は長征《ちょうせい》で活躍した女将軍鄧六金《とうろつきん》と、瑞金《ずいきん》における1931年の中華ソビエト政権樹立の推進者であった曽山《そざん》将軍の息子であった。曽山は、１９３７年に康生とともにモスクワに向かった。その後は内務部部長も務めている。

１９９３年から１９９９年にかけて、曽慶紅は共産党中央弁公庁主任を務めている。この中央弁公庁主任という機関は、表向きは、党の最高指導者である中央委員会総書記の秘書役だが、実際には総書記を含む党中央の主要な指導者の医療、保安、通信などの日常業務を任されており、その実質上の権限ははるかに大きいとされる。この中央弁公庁のスタッフが曽慶紅の下で３５０名まで増強されたのである。増強されたのは、政治調査部門、経済政策部門、文書管理部門、指導者の身辺警護部門などであった。

江沢民の下で強化されたもう一つの機関は、滕文生《とうぶんせい》の率いる中央政策研究室である。滕文生は、共産党中央調査部の理論部門の部門長を務めていたが、１９８９年６月の中旬以降、江沢民の党総書記就任に伴い、この機関の指揮を執《と》るようになった。

さらに、江沢民の時代には、工作領導小組、社会安定小組、国家安全保障小組といった小組織が次々と生み出された。

曽慶紅は、対外情報活動の強化にも着手した。それは文化大革命の時期も積極的に活動していた対外連絡部の梃子《てこ》入れである。対外連絡部は、本来は海外の左派政党との関係を確立する部門であったが、１９８０年代以降は、右派や左派に関係なく、各国のあらゆる政党と接触を持つようになった。今日では、対外連絡部は重要な約50カ国の大使館に要員を派遣している。最近では、中国は対外連絡部部長を大臣級のポストに昇格させて、その組織の強化を図っている。

国家安全部の新部長、許永躍《きょえいやく》

江沢民は、第15回共産党党大会の後に、賈春旺に国家安全部部長のポストを明け渡すように迫った。しかし、賈春旺には、公安部という、より重要なポストがもたらされた。

賈春旺に代わって国家安全部の部長に就任したのは、許永躍《きょえいやく》であった。許永躍は1942年に河南《かなん》省鎮平《ちんぺい》県に生まれた。人民解放軍での兵役についた後、20歳で北京の中国人民公安大学に入学した。その後、彼は技術部門での教官を務め、共産党には1972年に入党した。その後、中国科学院の弁公庁に移籍した。このことから、彼がこの時期から科学情報活動に従事するようになったと推定される。というのも、許永躍の父親で中国共産党の幹部であった許鳴真《きょめいしん》は、統一戦線工作部と国防部において秘密工作員としてのキャリアを積み、国防科学技術工業委員会（COSTIND）の総書記を務めていたほどの大物であったからだ。

話を許永躍に戻そう。1976年に、許永躍は、周栄鑫《しゅうえいきん》教育部部長の秘書に収まる。周栄鑫は父、許鳴真の友人であった。それと同時に、許永躍は、1976年から1982年にかけて共産党中央宣伝部の副部長を務めていた朱穆之《しゅぼくし》の秘書も務めている。その際に、彼はもう一人の副部長であった郁文《いくぶん》とも親交を結んでいた。郁文は、情報機関の調整を図っていた喬石の妻であった。

1983年、許永躍は、中国共産党八大元老であり、中央紀律検査委員会の第一書記を務めていた陳雲《ちんうん》の政治秘書となった。中央紀律検査委員会とは、腐敗撲滅のための機関であり、鄧小平は、1920年代からの同志である陳雲にその対応を期待していた。そして、陳雲は、かつて喬石の上司でもあった。このようなわけで、対外情報活動の経験こそなかったものの、各方面に強力な人脈を確保した人物が国家安全部の部長に就任することになったのである。

江沢民《こうたくみん》による国家安全部の再編

江沢民の伝記作家であるロバート・ローレンス・クーンによれば、江沢民は国家安全部を、密《ひそ》かに、しかし劇的に強化した。彼が国家安全部に託した使命は、一般の市民、共産党員、政府官吏、それに海外の中国国民の監視、時にはそのスパイであった。国家安全部による監視は、人民武装警察や公安部の知るところとなった。しかし、江沢民は北京の党組織や、当時はまだ接点が少なかった人民解放軍といった従来の統治機構を超越する確固たる権力基盤を確立したのだった。

許永躍が部長に就任して、まず着手しなければならなかったのは、部内の腐敗の一掃であった。江沢民は共産党統一戦線工作部のような情報機関に対しても組織の浄化を望んでいた。当時、多くの統一戦線工作部のエージェントが外交部のカバーを用いて海外で手広く情報活動を行なっていた。これらの活動は、中国大使館において国家安全部の要員の傍《かたわ》らで行なわれていた。

江沢民と同様に上海市長を務めていた朱鎔基《しゆようき》は、1998年7月に、統一戦線工作部が数万台の自動車輸入に携わり、100億元もの利益を上げ、党や軍の他の指導者とその利益が山分けにされていたと暴露した。

その結果、統一戦線工作部内部での粛清が行なわれた。それは国家安全部の内部においても同様であった。何が問題だったのだろうか。それは、情報機関の「脱民営化」だったのである。

それまでの約20年もの間は、鄧小平の「金持ちになれ」という号令の下で、国家機関の民営化が進められ、公共の機関に依存する企業が次々と誕生した。情報機関も、同様に、傘下に多くの企業を抱えていた。

そこで江沢民は、１９９８年7月の共産党政治局の会合において、警察、軍、情報機関によって運営される企業の分離を命じたのだった。政府機関によって行なわれる商業活動は、さまざまなスキャンダルと、ありとあらゆる種類の密輸行為の源《みなもと》であったためである。

許永躍は、国家安全部から１１２もの企業を取り除き、１４４もの企業との関わりを絶った。とはいえ、脱民営化にも不都合な点はあった。秘密対外工作を担当する部局では、専門作業の機密保護のために必要な媒介が失われることになったためである。

しかし、国家安全部は、江沢民の命令による「脱民営化」を推進することで、国内の公安活動においてのみならず、対外情報活動、防諜活動においても、圧倒的な主導権を握ることになった。

その一方で、海外での何万人もの秘密工作員は、友好的で資金のある他の企業に移っていったのだった。

2007年に許永躍に代わって国家安全部部長に就任したのは、耿恵昌《こうけいしょう》である。彼は河北《かほく》省の出身で、1985年に中国現代国際関係研究院アメリカ研究所副所長に就任し、次いで1990年には所長となる。そして、1992年には中国現代国際関係研究院院長に就任し、1998年には国家安全部副部長を務めている。耿恵昌は、このキャリアからもわかるように、一貫して情報の分析畑を歩んできた人材である。しかし、賈春旺や許永躍に比べれば、人脈の点では見劣りがするのは否めない。国家安全部の持つ比重が低下していることがその背景にあるものと考えられる。

インターネット利用者の監視

先に述べたように、中国国内の公安活動を担当しているのは、国家安全部と公安部である。この二つの部局が最近特に力を入れているのがインターネットの監視である。この章の最後に、中国という国家がインターネットをどのように監視しているのかを紹介しよう。

日本や中国、それに韓国でインターネットが本格的に普及した1995年当時、海外の大学とのネットワークの維持を望んでいたのは中国国内の数千の大学に限られた。これらの大学は、世界のネットワークと中国国内のネットワークの接続を管理している郵便通信部への登録が必要であった。

それから10年後、大変巧妙な監視システムが生まれた。公安部のラサ情報部が、ラサにおけるインターネット使用者を管理するシステムの運用を開始した。おそらく、チベットがインターネット監視の実験室となったことは偶然ではないだろう。中国は、チベットでの実験の後、この手法を他の地域にも拡大したのである。

２００４年初頭に、ラサのインターネットカフェでインターネットの使用を希望する中国人とチベット人は、キーワードのついた登録番号を受け取っている。インターネットの使用の際に、その登録番号とキーワードが要求されるのである。

インターネット利用者は、安価な「利用証」を購入する。しかし、購入の際に市民登録番号の欄を書き込まなければならない。この「利用証」は、公安部の公共情報部によって配布されたものだ。公共情報部はインターネット・カフェの免許も担当している。

インターネット監視は公安部だけが行なっているわけではない。国家安全部のラサ支局も同様の活動を行なっている。国家安全部の目的は、インドに対する防諜活動である。ダラムサラにあるチベット亡命政府の調査分析センターと、チベットの抵抗組織のネットワークとの間の暗号化された通信をモニターしているのだ。

このシステムはきわめて効果的なようだ。というのも、このシステムには、使用しているコンピューターではなく、個人の登録を基にしているからだ。

言論の弾圧が国内で行なわれているにせよ、中国共産党に協力する企業には、何のためらいも見られない。中国という有望なマーケット参入するチャンスだからである。

海外企業の協力により、インターネット上の反体制派は、次々と投獄されてきた。たとえば、ヤフーのようなサーチエンジンは、利用者の電子メールとIPアドレスを公安部に提出し、公安部はそれを基に反体制派を投獄してきたのだ。最近で有名な例は、王小寧《おうしようねい》の事例である。彼は2003年9月に禁固10年の判決を受け、他の二人が公民権の停止を宣告された。罪状は「国家権力の破壊活動を扇動」したというものであった。というのも、王小寧はオンラインマガジンの筆者で、電子メールを通じて中国の民主化を強く訴えかけていたからである。2007年には、国境なき記者団に所属する50名以上のインターネット記者が労働改造所に収容された。

中国のインターネットカフェは、コンピューターに、事前に登録された特定のURLを表示しないソフトウエアをインストールしなければならない。そして、3万名から4万名の公安要員がインターネット通信に目を光らせているのだ。その一方で2004年には8000万だった中国国内のインターネット利用者が、2007年には1億6200万人と倍増している。

公安部と国家安全部は、有能な情報処理技術者をリクルートし、アメリカの大学でIT技術を学んだ中国人卒業生を積極的に雇用している。その際には、民間企業に入社しないようにそれ相応の見返りを支払う場合もある。同様に、西側の防諜当局にならって、天才的ハッカーを採用しつつある。2003年にも、上海でハッカーが、インターネット・セキュリティーの専門家としてリクルートされている。

国家安全部がとりわけ関心を抱いているのは、外国人である。職業が、外交官、実業家、商人はたまたスパイであろうと、外国人のインターネット使用はすべて監視対象である。こうしたインターネット監視組織は、北京オリンピックの際に、さらに増強された。

禁止用語からわかる当局の恐れと不安

公安部は、2006年から金盾《ジンドウン》計画を実施することで、インターネット監視をさらに強化した。公安部は、中国全土（ただし、香港とマカオは除く）に張り巡らされた23のシステムに組織された64万台ものコンピューターのおかげで、中国にとって危険なサイトと戦うことができると、自画自讃している。

1000万ドルの費用を費やして構築された金盾システムは、中国の公安当局によって運営される巨大なインターネット網なのだ。中国の公安当局は、自由にサイトをブロックし、他のサイトの情報を収集し、同様にインターネット利用者を監視することができる。

金盾の目新しさは、中国のインターネット通信におけるキーワードのフィルタープログラムにある。このプログラムにより、通信を自在に開始したり、遮断することができるのだ。アメリカでも、エシュロンのネットワークとその「辞書」によって、事前に登録された単語を含む通信が記録されている。イスラム過激派等への対応を除いて、アメリカのシステムが金盾と異なるのは、ブログのURLを禁止する、もしくは「チャット」を禁止することを目的としないという点である。

中国で禁止されている何千ものキーワードを意味論的に分析すれば、興味深いことがわかる。権力が何に不安を抱いているか、そして公安当局、情報機関が何を恐れているかが、浮き彫りになるからだ。禁止されている用語の20％は、法輪功《ほうりんこう》に関するものであり、15％がチベット、台湾、新疆《しんきょう》ウイグル自治区に関するものである。それから、中国共産党の指導者やその家族に関する語が15％を占める。この中には曽慶紅や羅幹《らかん》のような公安関係の大物だけでなく、鄧小平、毛沢東、江青のような有名人物も含まれる。そこに加わるのが、政治、腐敗、民主主義、それに独裁といった政治関係の用語で15％を占める。10％は、警察、公安といった用語で、もう10％は、政治亡命をした反体制派の人物の名前である。最後の10％が、ナイトクラブ、乱交パーティー、ポルノビデオといった性にまつわる用語である。

とはいえ、コンピューターが禁止されている用語をすべてチェックしたとしても、金盾の手法は、徐々に効率が落ちていくものと考えられる。若いインターネットユーザーが、日常生活でありふれた言葉を利用し、仲間内だけで通じる隠語を用いるからである。

さらに13億という人口を考えれば、規模が大きすぎることが問題である。世界でも最大の規模を誇る国家安全部と人民解放軍内部の傍受機関は、２００３年に２２００億ものファイルを検閲しなければならなかった。その通信量は全世界の約55％に相当する。これは当局にとっては頭の痛い問題であるに違いない。

第3章　誰が情報を分析し、政策決定するのか

シンクタンクの存在と役割

このように、世界から収集したインテリジェンスをいかに分析し、その後の政策決定にいかすかという役割を担《にな》うのがシンクタンクである。情報が高度化、複雑化するにつれ、その重要性はますます高まっているが、中国でも共産党内部の政策決定過程がより合議制によるものに近づくにつれて、シンクタンクに所属する専門家の果たす役割は大きくなった。

中国国内にはさまざまなシンクタンクがあり、政策に与える影響は、それぞれ異なる。代表的なものとしては中国現代国際関係研究院（China Institute of Contemporary International Relations：ＣＩＣＩＲ）と、中国国際問題研究所（China Institute of International Studies：ＣＩＩＳ）を挙げることができる。ほかに、中国社会科学院（Chinese Academy of Social Sciences：ＣＡＳＳ）があり、それ以外にも、人民解放軍系の中国国際戦略学会（China Institute of International Strategic Studies：ＣＩＩＳＳ）や、国際戦略研究財団（Foundation of International Strategic Studies：ＦＩＳＳ）がある。それに国務院国際研究調査センターのように、すでに消滅したものもみられる。

一部のシンクタンクが政策面での影響力を保持していることは事実だが、すべてのシンクタンクがそうした影響力を持っているわけではないし、またそうありたいと望んでいるわけでもない。たとえば、中国社会科学院であれば、学位の授与に重点が置かれている。また研究の方向性も、必ずしも政策的な要請によるものではない。

また、シンクタンクの役割も、政府の官僚に分析を提供することに留まらない。シンクタンクの研究者は、情報源へのチャンネル、それに政策の検証、拡大のためのチャンネルを確保している。彼らはしばしば外国人の専門家と会談し、情報を提供する一方で、逆に多くの情報を入手している。つまり、表向きはオープンなシンクタンクを活用することで、中国は、対外情報を収集し、逆に中国が外国に伝えたいメッセージを伝えることに成功しているのである。このようなオープンな組織を用いた情報活動は、中国情報活動の一つの柱であると言えるだろう。ましてや、中国政府は「トラック2（官民混合の協議体）」による政策協議に参加することが多くなっている。そのために、シンクタンクに注目することは、今後ますます必要になるだろう。

毛沢東がシンクタンクの創設を決意した理由

中国において、国務院外交部や共産党中央調査部以外に、国際問題に関する専門家を養成する気運が高まったのは、1956年のことであった。2月のフルシチョフによる「スターリン批判」演説に始まり、ポーランドでは、反ソ暴動が火を噴き、ハンガリーではいわゆるハンガリー動乱が勃発した。毛沢東は、自分の身の回りのアドバイザーがこれらの事件を予知できなかったことにショックを受け、周恩来《しゅうおんらい》首相に、外交部の許《もと》に国際関係研究所（Institute of International Relations：IIR）を創設することを命じたのである。

1960年に、中ソ論争が深刻化するにつれ、いわゆる9つの公開書簡が、両国の間で論争を引き起こしたことはよく知られている。その草稿を作成する際には、国際関係研究所（IIR）が中心的な役割を果たした。

またアジア・アフリカ諸国でソビエトとの対決が増加するにつれて、共産党対外連絡部は、1961年にアフリカ・アジア研究所を創設した。それに加えて、1963年には、ソビエト・東欧研究所、ラテンアメリカ研究所も設置された。これらの研究所が、1965年には中国現代国際関係研究院（CICIR）として統合される。やはり1963年に、外交部はインド研究所、国際法研究所を設置し、中国科学院も世界政治調査部の下に世界経済研究院を開設している。

次々とシンクタンクが開設されるにしたがって、スタッフの養成も急務となった。19

６４年に、アフリカ外遊から帰国した周恩来首相は、外交学院と第一言語学院を設立し、そこで外交部職員や新華社通信社の社員が訓練を受けることになった。さらに共産党中央調査部と新華社で情報活動を行なう要員を訓練するために、国際関係学苑（College of International Affairs）が創設された。それ以外にも、北京大学、復旦《ふくたん》大学、中国人民大学に国際関係学部が創設された。北京大学では、発展途上国、復旦大学では先進国、中国人民大学では社会主義国が主に研究された。

文化大革命の時期（１９６６～７７年）は、これらの国際問題研究機関や大学は閉鎖された。そして、外交部は機能不全に陥った。職員は五七幹部学校という名前の田舎にある強制収容所に送り込まれた。この中で唯一機能したのが中国現代国際関係研究院（ＣＩＣＩＲ）であった。ＣＩＣＩＲは五七幹部学校にスタッフを送るのをためらっていた。その結果、ソビエトによるチェコスロバキア侵攻、それに中ソ国境紛争という中国の安全保障にとって微妙な時期に、ＣＩＣＩＲは共産党中央の情報機関の一翼を担いつづけることになった。そして、１９６９年までには、すでにフル稼働していた。ニクソン・ドクトリンとアメリカの対中政策の変更、それにソビエトによる侵略の危険性を中国の指導者が理解する上で、そしてキッシンジャーとニクソンの訪中を準備する上で、ＣＩＣＩＲのスタッフが協力したことは明白である。

それに対して、外交部の国際関係研究所（ＩＩＲ）は１９７３年から再開され、中国国際問題研究所（ＣＩＩＳ）と名称が変更された。これはＣＩＣＩＲと名称の混同を避けるためであった。しかし、実際には、ＣＩＩＳは、１９７８年まで、開店休業の状態が続いていた。というのも、多くの職員が田舎の強制収容所に留められていたためである。

そして、１９７７年には中国科学院から中国社会科学院（ＣＡＳＳ）が分離する。そして、ＣＡＳＳの下には、多くの地域研究部門と世界経済政治研究所が置かれることになった。

鄧小平によるシンクタンク改革

先にも述べたように、鄧小平は、共産党中央調査部を国家安全部として改組したが、中国が激動する世界に対応するには、それだけでは十分ではなかった。鄧小平はそのことを充分に意識しており、１９８０年代半ばに新たな改革が行なわれた。その一つがシンクタンク改革であった。

中国共産党の指導者は、毎日、一連の新聞記事、情報機関の報告書を受け取っている。

それらには、新華社による「参照資料」と「国際機密部報」、中国社会科学院の国際部からの報告書、人民解放軍総参謀第二部で精査された軍事アタッシェ（専門部員）からの報告、外交部の分析、中国現代国際関係研究院（ＣＩＣＩＲ）の「調査資料」等が含まれる。

これらの情報源を集約・分析するには、中国国内の公安活動を担当する中国共産党中央政法委員会では不十分であった。かくして、１９８３年に、小規模ながら、鄧小平の肝《きも》いりで、分析部門の強化が図られたのである。

その一つの手段が、１９８０年のＣＩＣＩＲの公開シンクタンク化であった。公開のシンクタンクという体裁をとることで、円滑に情報収集を行なうために外国人と接点を持つことができるようになったのである。

もう一つの手段が、中国国際問題研究センターの設立であった。この組織は、中国科学院の下にあった国際関係研究所を改組したもので、国務院外交部の管轄下に置かれた。そして、その運営にあたったのが元外交官の宦郷《かんきょう》である。このセンターの次長が、毎日送られてくる約１００もの報告書の要約を、中国共産党の指導者に届けた。その一方で、中国国際問題研究センターは、外交部の中国国際問題研究所（ＣＩＩＳ）とも共同して、中南海《ちゅうなんかい》に集まる膨大な情報の統合にあたることになった。

こうした経緯もあり、鄧小平や他の中国共産党指導者たちは、世界の状況をよりはっきりと認識できるようになった。しかし、宦郷という元外交官が中国国際問題研究センターのトップに選ばれたのはなぜだったのだろうか?

中国のキッシンジャー、宦郷《かんきょう》の驚くべき予言

趙紫陽《ちょうしよう》の側近であった宦郷は、かつて周恩来に見いだされた人材であった。語学の才があり、国際感覚豊かだった宦郷は、1910年に中国南西部の貴州《きしゅう》省に生まれた。彼は上海で学生生活を送り、日本の早稲田大学にも留学している。それから、ジャーナリスト、外交官として活躍し、情報活動を統括していた熊向暉《ゆうこうき》とともに、1960年には英国に中国大使館を開設した。そして熊向暉が、その次の英国大使を務めた。

文化大革命の時代、すなわち1966年から1977年にかけては、宦郷は政治の表舞台からは遠ざかっていた。その後、ベルギー・ルクセンブルク大使、EC(欧州共同体)大使として復権し、80歳にして、中国社会科学院の副院長と全国人民代表大会外事委員会副委員長を務めた。

しかし、鄧小平が宦郷を選んだのは、宦郷の鋭い見識に注目していたためであった。実

際、宦郷は、１９８０年代半ばに、世界経済と、その今後の変化に関する驚くべき仮説を提示していたのである。

宦郷の分析は、ロナルド・レーガン大統領が推進していたスターウォーズ計画の展開を巡るものであった。彼によれば、このスターウォーズ計画の目的は、一つには、ソビエトに核兵器拡散を停止させるように交渉すること、もう一つには、軍拡競争によってソビエト経済を疲弊させる点にあった。

「二大超大国は弱体化し、没落する」と宦郷は述べた。しかし、「スターウォーズ計画」が進展する限り、多極構造への流れは、再び二極構造に収斂《しゅうれん》し、定着するであろう。二流の国家がこの戦争に参加しようとしても、困難であろう。言い換えれば、冷戦の終わりが中国を救うのである。そして中国は大国に成長できるであろう。冷戦が終結しなければ、すでに半世紀続いているこの闘争の副次的なパートナーの地位に留まるであろう。

これは驚くべき予測であった。しかし、宦郷は自らの予測の正しさを自らの目で確認することはなかった。１９８９年2月28日に宦郷は息を引き取ったのである。

影響を拡大するCIIS

話をシンクタンクに戻そう。かつては重要な役割を担っていたCICIRも、その後、低迷期に入る。その背景には、1999年の改組があった。CICIRは、いったんは、1982年に国家安全部の管轄下に置かれたものの、1999年になると、再び中央外事工作領導小組とともに共産党中央委員会の許《もと》に戻されたのである。すでに1990年代中頃からCICIRの影響力には陰りが見られたが、この改組は、影響力の低下をいっそう押し進めることになった。その正確な原因は不明であるが、熟練したスタッフの引退、外交政策立案における外交部の影響力の増大などが背景にあったと見られている。

CICIRの特徴は、現在の情報に焦点を当てている点と、進行中の事態に対して即座に分析を作成する能力にある。スタッフも、150名のシニアフェローを含めて400名以上を擁《よう》しており、その情報源も、外交部、中央外事工作領導小組、国家安全部、それに中国共産党の指導者と多岐に及んでいる。CICIRの報告書の多くは、外国指導者の中国訪問、もしくは中国指導者の外国訪問に向けられたもので、相手の経歴、現在の相手国の国内状況、相手国の外交、中国、台湾に関する発言の要旨などがまとめられている。

CICIRが長期にわたって停滞しているとすれば、影響力を拡大しているのが中国国際問題研究所（ＣＩＩＳ）である。この背景には、外交部や中国指導部のＣＩＣＩＲへの失望があるとも考えられる。ＣＩＩＳのスタッフは、まだ年齢も若い研究員から中年の働き盛りの研究員まで充実しており、分析能力はきわめて高い。彼らのうちの多くがアメリカで博士号を取得している。

１９９８年にはＣＩＩＳは、先に挙げた中国国際問題研究センターを吸収合併する。そして、情報集約の点で主要な役割を果たすようになるとともに、北京大学国際関係学部などからも人材を登用し、彼らを積極的に海外に派遣している。このようにＣＩＩＳは、短期的な性質の情報を扱うＣＩＣＩＲとは対照的に、主に戦略的に重要な問題に対して中長期予測を行なうことを主たる任務としている。

ここ数年の傾向として、外交部がＣＩＩＳの専門家を利用する度合いが増加している。一つには「トラック２」交渉におけるカウンターパートとしての役割が重要になっているためである。ＣＩＩＳは、今では英国のチャタム・ハウス、日本の国際問題研究所に相当する存在となっている。

ここでは、インテリジェンスと特に関わりの深い二つのシンクタンクを挙げたが、中国のシンクタンクの体制には、大きな欠陥がある。それは、第一に、それぞれのシンクタンクが監督官庁と垂直に統合されており、研究員の個人的な関係を無視すれば、いわゆる情報の横のつながりは存在しない点である。効率的な情報活動（特に分析）、政策立案のためには、情報の共有が欠かせない。その意味では、総体としてみれば中国のシンクタンクにも改善の余地があるということになるだろう。

第二の欠点は、シンクタンクの分析が、中国共産党の政策を正当化するために用いられる事例が多々見られるという点である。

例を見ない中国独特の政策決定プロセス

では、シンクタンクなどから寄せられた情報を、中国共産党の幹部は、どのように利用するのだろうか。こうした実際の政策決定のプロセスは外部からはなかなか理解しにくいのも確かだ。しかし、まれにその実態が明らかになる場合がある。それは中国共産党の高官が亡命した場合である。

1983年から90年まで新華社香港支社長を務め、天安門事件の後にアメリカに亡命した許家屯《きょかとん》の場合がそうで、彼の『香港回収工作』（筑摩書房）からは、中国における情報活動のあり方、その政策の立案過程を垣間《かいま》見ることができる。

西側の情報機関の場合、政策立案者と情報活動の担当者は通常分離されている。情報機関から政策当局に対する情報の流れは存在するが、人事の点では情報活動を担当する人材と政策立案に関与する人材は、はっきりと区別されている。

しかし、中国の場合は、政治家が情報活動も政治活動も、すべて管理するのである。許家屯は、肩書きの上では、新華社香港支社長であった。しかし、この新華社香港支社は、実質上は中国に返還される前の香港における中国の外交並びに情報活動の拠点であった。許家屯が支社長として、香港で政治工作を行なうと同時に、情報活動も統括していたのである。人民解放軍総参謀第二部などの軍の情報活動こそ管理できなかったものの、国家安全部、統一戦線工作部などの文民の情報機関は、彼の許《もと》で再編された。

興味深いのは、許家屯のキャリアである。彼の前のポストは江蘇《こうそ》省の省党委員書記で、そこで彼は農工業生産で全国一位に導くなど経済指導で大きな成果を上げていたのであって、香港に赴任する前は情報活動の経験がなかった。

許家屯の上司は、国務院香港マカオ事務弁公室主任の姫鵬飛《きほうひ》であり、その上には中国共産党中央委員会内部に設置された中央外事工作領導《りようどう》小組があった。一般に、領導小組とは、複数の党政府部門に関連する問題を議事として扱い、協議調整する枠組みである。党中央に作られた領導小組は、常務委員が小組長をかねて、政治局と常務委員会に責任を負う。領導小組での結論は、政治局と常務委員会で最終決定を経なければならない（坪田敏孝「中国共産党中央の権力構造の分析」）。

情報活動に関連がある小組は、軍関連を除けば、外交を検討する中央外事工作領導小組、台湾問題を検討する中央対台湾工作領導小組、プロパガンダを担当する中央宣伝思想工作領導小組等がある。それ以外に国内の司法・警察・公安関係の官庁を統轄する中央政法委員会がある。

実際の政策決定は、これらの小組や委員会の担当者とのやりとりの中で行なわれる。それゆえ、それぞれの担当者の間での人間関係や意見の相違が、情報活動にも反映されることになる。許家屯の例で言えば、直属の上司である姫鵬飛から、そのポストを奪われそうになったこともあった。

言い換えれば、国家安全部などの文民の情報機関は、そのトップの政治力に左右される面が大きいということでもある。いかに他の共産党の幹部と円滑な関係を築けるかが、組織の円滑な運用の前提となるのである。それに対して、政治力のないトップをいただいた情報機関は、弱体化につながるのである。

第4章　軍事スパイ活動の元締め——総参謀第二部

人民解放軍のインテリジェンス機構とは

国家安全部と共産党中央委員会管轄下の情報機関（統一戦線工作部と対外連絡部）を文民の情報機関とすると、これから紹介するのが人民解放軍という軍隊によるインテリジェンス機構である。人民解放軍は、中国という国家の軍ではなく、中国共産党に直属する軍隊であるとされる。しかしながら、最近の人民解放軍の動向をつぶさに観察すると、人民解放軍が、必ずしも共産党の指令に従っていないのではと疑われる事件が散見される。中国共産党と人民解放軍の微妙な関係を考えるならば、人民解放軍の本音はどこにあるのかを知ることは、中国の外交のみならず、内政を予測する上でも欠かすことができない。結局のところ、今後の中国という国家の命運を握っているのは、人民解放軍なのである。

では、人民解放軍の動向を探るには、どうすればよいのだろうか。そのためには、人民解放軍のインテリジェンス機構に焦点を当てるのが有益である。というのも、人民解放軍がどのような情報を求めているのか、そして、入手した情報を基にして人民解放軍の組織をどのような形に変質させようとしているかが一目で判明するからである。

それだけではない。中国と他の周辺諸国、特に日本とアメリカに対してどのように対応する意図を持っているのか、といった中国の今後の対外関係もそこから予測ができるのだ。このことは第9章、第10章で改めて取り上げる。いずれにせよ、中国の将来を考える際には、人民解放軍のインテリジェンス機構の知識は必須なのである。

総参謀第二部の組織

ここではまず、人民解放軍の機構を簡単に紹介しよう。人民解放軍の最高軍事指導機関は、中国共産党中央軍事委員会（CMC）である。その下に**総参謀部**、**総政治部**、**総後勤部**、**総装備部**が置かれている。その下に、海軍、空軍、第二砲兵部隊、および七大軍区（北京、成都《せいと》、広州《こうしゅう》、済南《さいなん》、蘭州《らんしゅう》、南京《ナンキン》、瀋陽《しんよう》）がある。総参謀部は、作戦および情報活動を担当する。総政治部は、人事並びに思想教育を担当し、総後勤部は兵站《へいたん》、総装備部は兵器の開発調達を担当する。それ以外に、国防科学技術工業委員会、軍事科学院、国防大学なども軍区級の組織である。

この中で、情報活動に関係があるのは、総参謀部、総政治部のプロパガンダ部門、それに軍事関係の科学技術情報収集の方向を定めている国防科学技術工業委員会である。

総参謀部は、4つの総部の中でも最も重要な組織であり、中央軍事委員会に直属する第二砲兵部隊のような一部の例外を除いて、総参謀部が、人民解放軍の全指揮系統の中枢をなしている。

この中で情報活動を担っているのが、第二部、第三部、第四部である。

第二部の主要な役割は、人間のエージェントを用いた軍事情報の収集にある。その中には大使館付き武官の派遣、秘密エージェントの海外への派遣、公開情報の分析も含まれる。さらには現在の軍事情勢に関する情報収集も担当しており、総参謀部の下に置かれ、現在の情報を扱う情報監視センターとも緊密に連絡を取り合っている。

第二部の組織は、総務局、北米局、欧州局、西アジア・アフリカ局、アジア開発局、科学技術収集局、香港・マカオ・台湾局、CIS局、軍武官局、通信機密局、人民解放軍南京言語学院から構成されている。

第二部が収集する情報は、第一に、軍事情報である。具体的には、周辺諸国の戦力組成（軍隊の規模、配置、装備、能力）、軍事地理、軍事ドクトリン、周辺諸国の軍事的意図、周辺諸国の軍事同盟、軍事経済（潜在的工業力、農業力、軍事技術の水準、予備役の兵力）、人的情報、核攻撃目標に関する情報（外国の政治、軍事、情報、人口の中心地の規模、位置、脆弱性）を挙げることができる。

第二に、ハイテク分野での情報収集である。民生技術であっても軍事転用が可能な場合は、積極的な活動を展開していると考えられる。米議会のコックス報告書によれば、1990年代に、中国は、トライデント型潜水艦に搭載されるW—88型核弾頭を筆頭とする当時のアメリカの最先端の熱核兵器技術、水素爆弾の技術、ミサイルの誘導技術を盗んでいる。

第三に、国家安全部などの協力による政治工作が挙げられる。

こうした情報活動のために、第二部は、膨大なエージェントを擁している。その中には、科学者、学生、旅行者、商人、それに実業家が含まれる。そのカバーとして欧米の防諜機関に知られているのが、1984年に創設された中国国際友好協会のような組織である。また、総参謀第二部は、経済の分野でも同様の組織を傘下に収めており、他の経済関連の組織に浸透を図っている。

しかしながら、人民解放軍総政治部内に総参謀第二部と競合する機関がある。それが人民解放軍連絡部である。この連絡部は、鄧小平《とうしょうへい》の三女の鄧榕《とうよう》が長を務めたこともある。スパイ活動と心理戦が連絡部の二大機能である。長らく、連絡部のエージェントの活動対象は、台湾であると言われてきた。しかしながら、今世紀に入ってからは、アメリカが主要な活動対象となっているようだ。

収集された情報の分析という点では、第二部に近いシンクタンクとしては中国国際戦略学会（China Institute of International Strategic Studies：CIISS）、それに国際戦略研究財団（Foundation of International Strategic Studeis：FISS）がある。これらのシンクタンクは人民解放軍公認の公開されたシンクタンクである。特にCIISSの研究者が作成する報告書は、総参謀本部と軍の高官に送られる。

それ以外には、中国国際戦略学会の数百名の分析官が、10日ごとに「外国軍の動静」という内部文書を作成している。対象となっているのは、メキシコ陸軍から、フランス海軍までと多方面に及ぶが、当然、アジアの大国に重点が置かれていることは言うまでもない。この資料は、人民解放軍の各部隊に配布される。

情報活動の星、熊光楷《ゆうこうかい》将軍

総参謀第二部は、非常に精力的な活動を世界中で展開している。しかし、その活動の隆盛を支えた人物、すなわち熊光楷《ゆうこうかい》の存在を抜きにしては、中国軍事情報活動の世界的な射程を見逃すことになるだろう。熊光楷将軍のキャリアは、そのまま中国軍事情報活動の輝かしき経歴でもある。ここでは、ごく最近まで第二部のスターであり、中国の軍事情報活動全般を取り仕切っていた熊光楷将軍の経歴を紹介することとしたい。

彼は1939年3月に、江西省《こうせい》の南昌《なんしょう》に生まれた。南昌と言えば、人民解放軍が発足した場所であり、また、毛沢東が1927年8月1日に南昌蜂起を起こした伝説的な場所でもある。

熊光楷は、人民解放軍に加わった後、張家口《ちょうかこう》に置かれている人民解放軍外国語学院を卒業する。彼の初任地は東ドイツで、1960年から1967年まで現地で翻訳担当官、並びに情報将校として活動した。1974年から1981年にかけては、西ドイツの大使館付き武官を務めた。東西両ドイツに駐在している間に、ワルシャワ条約機構加盟国の情報機関の要員の多くと交友を深めた。

中でも筆頭に挙げられるのが、やはり東ドイツで活動していたKGB将校のウラジミール・プーチンであった。冷戦終結以前、社会主義国はヨーロッパの半分を占めていた。社会主義にとっての栄光の日々以来、この二人の士官は接触をとりつづけてきた。お互いに、それぞれの国での新年に、贈り物を交換するほどであった。

1982年に、熊光楷は、総参謀第二部に入り、鄧小平が推進していた新たな情報機関の設立に尽力する。つまり、アメリカとの協力による対ソ通信傍受施設の設立と、アフガニスタンの対ソ抵抗ゲリラ組織への援助である。そして1988年に、熊光楷は総参謀第二部部長に昇進した。

熊光楷が総参謀第二部に加わったとき、軍情報活動を統括していたのは徐信《じょしん》将軍であった。彼は、国家主席の楊尚昆《ようしょうこん》、それに人民解放軍総政治部部長の楊白冰《ようはくひょう》とも深い関係にあった。その結果1989年の天安門事件での抗議運動を軍事力によって弾圧する際に、軍事情報部の一員として熊光楷も関与することになった。彼は、逡巡《しゅんじゅん》することなく活動に参加し、民主化運動への浸透工作を担当した。

それから3年後の1992年11月に、熊光楷は、副総参謀長助理に就任した。さらに、1996年には副総参謀長に就任している。人民解放軍の副総参謀長というポストは、人民解放軍内部の情報活動全般を統括するものであった。ちなみに徐信は、退役後北京国際戦略学会会長に就任している。熊光楷も退役後同じポストに就いていることから、北京国際戦略学会（現在の中国国際戦略学会）会長というポストが、単なる学会の会長ではなく、直接の権限はなくとも軍情報活動ににらみをきかせる顧問的な役職であると予想できる。

副総参謀長に就任した熊光楷は、総参謀第二部部長のポストを姫鵬飛《きほうひ》の息子の姫勝徳《きしょうとく》に譲り渡した。姫鵬飛は、中国共産党対外連絡部部長を務め、香港返還に際しては外相として交渉に当たった大物であったが、後に姫勝徳が遠華《えんか》密輸事件で無期懲役になったのに抗議して、服毒自殺を遂げたといわれている。

熊光楷は、例外的なキャリアの持ち主でもあった。彼は、ロシア、フランス、英国、ドイツと接点を持つスーパー外交官のような存在であり、国際問題に決定を下していた。情報活動の大ボス、軍の大使、そして軍需産業の兵器販売代理人として、しばしばアメリカ、ヨーロッパに赴《おもむ》いた。その一方で、南アフリカ、シリア、北朝鮮といった諸国との関係強化と武器販売の契約を締結していた。

実際、温厚で陽気な外見の下で、熊光楷の思考の基調に懸念を抱く戦略家もいる。というのも、クリントン大統領（当時）が、台湾を訪問し、李登輝《りとうき》をホワイトハウスに招待することを考慮すると、熊光楷はクリントン政権を恫喝《どうかつ》したからである。この中国インテリジェンスの大ボスは、米国の親台湾的姿勢がいかなる破滅的な帰結をもたらすかをあえて口に出すことによって、警告を発したのである。メディアからの質問に対して、熊光楷は、当時93歳にして、香港の回収に執着していた鄧小平の言葉をさり気なく引用したのだった。

「台湾の問題は米中関係の結び目にある。もしこの問題が円滑に処理されなければ、その結果は破滅的なものになるだろう」

そして、李登輝が台湾の政権を獲得しようとしていた1996年に、人民解放軍が大規模なミサイル発射演習を行ない、台湾海峡危機が最盛期を迎えたとき、江沢民《こうたくみん》は、古株の秘密エージェントであった許鳴真《きよめいしん》（許永耀《きよえいやく》の父親）を香港に派遣し、秘密裏に李登輝と会談を行なわせている。この会談は、李登輝と鄧小平の出自である客家《はっか》のネットワークを用いて実現されたのだった。

それから1年後の1997年には、鄧小平は亡くなり、香港は中国に返還された。熊光楷は、国家安全部を取り仕切る許永躍と同様に、江沢民が主宰する中央対台湾工作領導小組の顧問となった。

このように、熊光楷の特長は、軍事情報活動のほぼあらゆる部門に通じた、たぐいまれな士官であるという点にあった。旧共産圏の情報活動関係者との関係も深く、アメリカやドイツとも共同で情報活動を行なうことができたのは、熊光楷の力量によるところが大きかったと考えられる。予備役に編入された後も、2007年の段階では総参謀第二部のシンクタンクである中国国際戦略学会（CIISS）の会長として活動している。ただ、2011年に国際会議に出席した後の足取りがたどれないのが、気に掛かるところである。

中国人民解放軍情報部が最も激しい攻勢を仕掛けているのは、やはりなんといってもアメリカであろう。

『コックス報告書』の驚くべき内容

アメリカにおける中国の情報活動を語る上で、忘れることができないのが『コックス報告書』である。これは、1980年代から1990年代にかけて、中国がアメリカ国内で行なった秘密活動に関する報告書で、米下院に提出された。1999年5月25日に発表されたこの文書は、中国による技術剽窃《ひょうせつ》がどれほど大規模なものであるかを明らかにしたのだった。

コックス報告書の結論は、驚くべきものであった。1970年代以来、中国は、ミサイル誘導コンピューター、中性子爆弾、多弾頭式核弾頭、レーザー研究などといったアメリカの国防機密を盗んできた、というのである。しかも、これらの技術の剽窃は、中国が独力で成し遂げたものではなかった。報告書によれば、アメリカの企業が、自らがパートナーとなる合弁会社を設立することによって、重要な技術を中国に提供していたのである。それ以外にも、特許や技術上の計画などが、無防備ゆえに、中国側に流れているというのだ。

しかし、より我々を驚愕《きようがく》させるのは、この報告書の予測である。その予測によれば、これまでは中国はコピーした技術を実際の製品にまで作り上げることができなかった。しかし、2009年から2010年頃にはそれが可能になる、とのことだ。現在が2013年であることを考えれば、すでに剽窃されたアメリカの軍事技術が中国によって実現されている可能性が高いということになる。

コックス報告書が発表されて以来10年以上が経過したが、その実態には依然として変わりがない。中国共産党がスパイに指示する要求のリストは変化することはあっても、その運用法や活動様式に関しては、変化は見られない。その上、中国の経済力により、情報活動それ自身が格段に強化されているのだ。

コックス報告書は、なぜ中国がこれらの情報を収集するのか、その目的も分析している。その目的とは、人民解放軍の近代化であり、近代化の対象は、戦場での通信装備、(航空機もしくは他の手段による)偵察、宇宙兵器、可動式核兵器、攻撃用潜水艦、戦闘機、誘導兵器、急速展開地上部隊の訓練といったものであった。

このように目標を評価した後に、クリストファー・コックスと彼の同僚のレポート作成者は、アメリカ国内の専門家やアメリカに亡命した中国人の証言を基に、秘密エージェントの特殊な役割を明らかにした。

主に技術の取得を担当している中国のプロの情報機関は、国家安全部と総参謀第二部である。

さらに、これらの情報機関とは別に、中国は、民間や軍の研究所、それに企業といった別の国家機構を利用した素人《しろうと》による技術収集に精力を傾けるようになっている。非常に多くの米国技術の流出は、国家安全部や人民解放軍総参謀第二部の下での作戦によるものではなく、アメリカと中国の間の大学や学術、それに商業上のやりとりを通じて生じているのである。

国家安全部もしくは総参謀第二部のプロのエージェントは、海外における科学技術収集に関しては何の障害も感じていない。大部分の情報は、情報収集計画の点では、学生や科学者、研究者、それに西側への旅行者といった素人のエージェントを通じて収集される。表向きは、彼らは研究機関や科学機関、委員会、研究機関、それに企業を代表しているが、これらの個人は、しばしば、当局の指示に従って活動する。彼らは、ある分野で情報収集を行なうと、民生部門もしくは軍事部門での別の情報に出会う。こうして芋づる式に情報が収集されるのだ。

中国の情報活動の行動様式に精通していない情報機関の関係者は、中国もまた他の国と同様に情報機関が秘密作戦を指揮しており、すべての秘密工作は、必然的に、情報機関によって指揮されているという結論を下すことが多い。中国の場合には、必ずしもその規則にはよらないのである。

このようにアメリカにおいては、総参謀第二部は国家安全部と協力し、膨大な軍事科学技術情報を盗み出している。では日本の場合はどうなのだろうか。

歌舞伎町のラブホテルで死んだ中国スパイマスター

1991年3月15日に、新宿歌舞伎町のラブホテルで、ある中国人男性が突然心臓発作を起こした。その後、彼は運ばれた病院でそのまま亡くなった。当時女性が同伴していたことから、警視庁新宿署は、愛人との密会中に「不慮の死」を遂げたとして処理された。しかし、この男性こそ、中国人民解放軍情報部の大物スパイであった徐源海《じょげんかい》だったのである。

徐源海は、北朝鮮、北ベトナム、それに香港で、軍の情報活動に携わってきた。北朝鮮では、金日成やその取り巻きの情報を収集すると同時に、米軍や韓国の軍事情報を収集した。ベトナムでは、北ベトナムのためにエージェントの訓練を受け持ち、彼の教え子たちが大挙してサイゴンに送られた。アメリカはこの「徐源海機関」を警戒した。その後、新華社の記者として香港に派遣され、香港返還に向けた情報活動に従事するとともに、台湾の軍事・政治情報収集も担当した。

日本に派遣されたのは、１９８６年のことであった。肩書きは総務担当の参事官であるが、本当の職務は在日中国人スパイを取り締まるための総責任者の一人であった。90年春にいったん帰国し、３カ月後に外交官ではなく、東京飯田橋の日本最大の中国人留学生寮の責任者である中国共産党委員会書記として再来日した。

このときの彼も主要な目的は、留学生の中から優秀な学生をエージェントとしてスカウトし、訓練することだった。徐源海が所属していたのは人民解放軍総参謀第二部であったが、国家安全部とも太いパイプを持っていた。そのため、徐源海は、北京の共産党指導部からも信頼が厚く、在日情報機関の最高責任者として君臨していた。

徐源海の死は、中国情報当局にとって、大きな損失だった。しかし、徐は大きな財産を遺《のこ》していたのだ。推測によれば、徐が5年間に日本でリクルートしたエージェントは１０0名以上に達するとされる。彼らは、日本で活動する中国人スパイの中でも一定の割合を占めている。また、能力や忠誠心も高いとの評価で一定している。彼の元エージェントによると、徐源海は本国で共産主義革命に殉《じゅん》じた「烈士《れつし》」という最高の称号を与えられ、北京で開かれた追悼会には、人民解放軍の最高指導部「中央軍事委員会」の幹部も複数列席したという。この徐源海のケースは、袁翔鳴《えんしょうめい》の『蠢く！ 中国「対日特務工作」マル秘ファイル』（以下『マル秘ファイル』と略記）だけでなく、ロジェ・ファリゴの『中国の情報機関』、それに『ファーイースタン・エコノミック・レビュー』における1991年5月3日のロバート・デルフスの記事で取り上げられている。

自衛隊から持ち出された「イージスシステム」の中枢情報

このようなお膳立てもあり、日本国内だけでも多くの軍事スパイ事件が相次いでいる。2005年春には、防衛庁技術研究本部の元主任研究官が潜水艦の鋼材に関する論文コピーを持ち出して、元貿易業者に渡したとされる事件が発覚し、警視庁公安部は2007年2月、元研究官を窃盗容疑で書類送検した。さらに、警視庁は元貿易業者が人民解放軍などから依頼を受け、日本の防衛関連情報を収集していた疑いがあると見て捜査を続けている。この元貿易業者は、2006年2月、中国人民解放軍の関係者を連れて日本に入国しようとしたことがわかっており、論文のコピーが人民解放軍にわたった可能性が高い。

２００６年１月には、軍事転用可能な無人ヘリを中国に不正輸出しようとしたヤマハ発動機が家宅捜索を受け、静岡、福岡両県警の合同捜査本部は、２００７年２月23日、外為法違反（無許可輸出）等の疑いで、同社の執行役員ら社員３名を逮捕、同社には罰金１０００万円の略式命令が確定した。

それ以外にも、海上自衛隊が収集した外国潜水艦などに関する内部資料を、対馬《つしま》防備隊上対馬警備所の一等海曹（当時45歳）が複製して職場から持ち出していた事件が発覚した。この一等海曹は中国人女性に会うために、しばしば上海まで密航していたことが明らかになっている。しかも、この中国人女性は、２００４年に自殺した上海総領事館員が交際していた中国人女性と同じカラオケバーに勤めていたことが明らかになっている。海上自衛隊の内部情報が中国側に流れたことは否定できないのである。

さらに、２００７年４月には、海上自衛隊第一護衛隊群（神奈川県横須賀市）の護衛艦「しらね」乗組員の二等海曹（当時33歳）がイージス艦に関する８００頁もの情報を持ち出し、その中にきわめて秘匿性が高い「イージスシステム」の中枢情報が含まれていることが明らかになった。しかもその端緒は、神奈川県警が二等海曹の中国籍の妻を入管難民法違反容疑（不法在留）で逮捕したことだったのである。自宅を家宅捜索した結果、イージス艦に関する機密書類が見つかったのだった。

イージスシステムとは、レーダーなどのセンサー・システム、コンピューターとデータリンクによる情報システム、ミサイルとその発射機などの攻撃システムなどを連結した総合的な防空システムである。このシステムによって、防空に限らず、戦闘のあらゆる局面において、目標の捜索から識別、判断から攻撃にいたるまでを、迅速に行なうことができる。本システムが同時に捕捉・追跡可能な目標は１２８以上といわれ、そのうちの脅威度が高いと判定された10個以上の目標を同時迎撃できるとされる。このイージスシステムに関しては、日本は米軍から技術供与を受けている。米政府は、当初から日本側の情報管理の甘さへの懸念から、情報提供には難色を示していた。その懸念が、やはり現実のものとなったのである。

このイージスシステム情報漏洩事件は、日本の次期主力戦闘機（ＦＸ）の選定にも影響を与えた。日本側は、当初最新鋭ステルス戦闘機Ｆ22ラプターの導入を求めていた。しかし、この漏洩事件の後で、２００７年7月に米下院歳出委員会は、ラプターの海外への輸出禁止条項を継続することを決定した。アメリカは、最新鋭のステルス機という高度な軍事機密が日本を経由して中国に流れることを警戒し、日本への輸出を断念した。日本の防諜体制の弱さが、日本の安全保障の基盤を根底から揺るがしているのだ。しかし、それ以前に、はるかに深刻な事態が静かに進行していた。

なぜ自衛官が次々に取り込まれるのか

防衛大学を卒業したとある自衛官が、現役時代に元上司に誘われて、麻布《あざぶ》の中国大使館での「中国人民解放軍創設記念日（８月１日）」のパーティーに出席した。そこで、この自衛官は人民解放軍の駐在武官と知り合う。そこで意気投合した自衛官は数日後に、武官から食事に誘う電話を受ける。

武官の話題は多岐にわたり、その博識は自衛官を驚かせた。武官は「交際費の使い道がなくて困っている」といって、自衛官に紹興酒とウーロン茶のセットを持たせた。その後も自衛官は、しばしばその武官と食事を共にした。話題が自衛隊や軍隊に及ぶことは少なかった。が、「中国と台湾が戦争になったら、どちらが強いか」といった話題が出ても、武官は、客観的で的《まと》を射た分析で、自衛官をうならせた。また、武官は、日本の安全保障に関する文献も多数精読しており、自衛隊の知識についても、その自衛官よりも詳しい分野があったほどであった。武官がその自衛官に、自衛隊内部の情報を要求することはまったくなかった。その自衛官は、中国武官からしばしば食事に誘われることで、「何か下心があるのでは」と警戒していたが、次第にその不安は消えていった。

さらにその武官のはからいで、その自衛官は日本のとある財団が主宰する「日中軍事交流研究会」のメンバーとなり、定期の勉強会や交流会に参加したほか、休暇を利用して中国訪問団にも加わった。北京、上海の他、武官の斡旋《あっせん》で、山東省《さんとう》にまで足を延ばし、人民解放軍の部隊を視察し、将校とも交流して、初めて中国軍の現場の雰囲気を体験した。その際に、自分と同様に人民解放軍と親しくしている複数の自衛隊幹部とも親しくなった。

中国武官との交流は、上官に報告しており、中国訪問も上官の許可を得ていたが、この自衛官は中国武官から、多額の中元と歳暮が贈られていることは通報していなかった。「なにもやましいことはなかったし、上に報告するとかえって話がややこしくなる」という思いがよぎったためであった。

その後、この自衛官は退官し、防衛産業と関係する大手機械メーカーに再就職した。武官はすでに帰国し、彼との関係は、その武官の後任の大使館付き武官に引き継がれた。

民間企業に移ってからまもないある夜、以前につきあいのあった例の武官から電話がかかってきた。最新の日本の『防衛白書』についてのリポートをまとめるにあたって、この元自衛官の意見が聞きたいというのだ。これが、中国武官の最初の頼み事だった。この元自衛官は自宅にあった『防衛白書』を手に、電話口で自分の見解を述べ、質問にも答えた。中国武官は、「今の話は大変参考になる」といって、彼に文章の形でまとめるように懇願した。元自衛官は、電話で話した内容をA４で2枚ほどにまとめて、メールで送った。

数週間後、後任の中国武官と食事をした際、現金が20万円入った茶封筒を渡された。後任の武官は、中国に帰った武官から頼まれた「原稿料」だと説明した。断わり切れずに受け取ると、別のテーマでの原稿の依頼が来た。こうして何度か原稿を書いているうちに、話は少しずつ専門領域に入ってきた。

中国側が意見を求めてきた自衛隊の資料の中には、部外秘のものも多数あった。元自衛官も疑問に思うほどの機密資料であった。

しばらくして、武官が出張で日本にやってきた。元自衛官は久しぶりにその武官と会った。

武官は、中国の大学で短期間、アジアの安全保障と日本の防衛の現状について教えてくれないか、と切り出した。提示された条件もかなり良く、現在の勤め先にも中国側が話をつけるという。

その大学は北京市内の公安機関系の中国公安人民大学で、その元自衛官は約3カ月の短期講座を担当した。前任者も、すでに決まっている後任者も、元自衛官で、自衛隊OBが同大学で持っている講座と言ってもよかった。

受講生は、中国語でいう「研究生」で、日本では大学院生に相当した。しかし、まもなく、その中に人民解放軍関係者が数人いることにその元自衛官は気がついた。元自衛官は日本の軍事機密にあたると思われる部分を意識的に避けながら、授業を進めたが、受講生からの質問は鋭く、いつも準備した以上のことを話してしまっていた。その中には日本の軍事機密に属する情報も含まれていた。

授業以外にも、「勉強会」や「交流会」「会食」など中国の公的機関員と接触する会合が多く設けられていた。そこでは、中国側の巧《たく》みな誘導で、日本の防衛や安全保障問題について議論するように仕組まれている、と元自衛官が感じることもあった。そうは思ったものの、「自分以外にも中国と接触している自衛官はたくさんいる。私がしゃべらなくても、中国側はほとんど知っているようだ。それに、自分のやっていることは日本の法律には触れていない」」、こう自分に言い聞かせて、この元自衛官は中国側とのつきあいを続けている。

ここで紹介したのは『マル秘ファイル』に挙げられている生々しい実例である。この元自衛官も、気がつかないうちに中国のエージェントにされ、「日本の法律に触れていない」「他の自衛官もやっていることだ」と自分に言い聞かせながら、中国側に情報を流している。それにしても、なぜ自衛官OBが次々と中国側のエージェントにされてしまったのだろうか。その点にはもう少し説明が必要である。

「中国政経懇談会」なる組織の正体

中国による自衛隊への工作には長い歴史がある。それを、福田博幸《ふくだひろゆき》氏の『中国対日工作の実態』(日新報道)から紹介することにしよう。

1976年、日中貿易を行なっていた、「日中友好元軍人の会」会長の後藤節郎は、北京で日中友好協会の秘書長、孫平化《そんへいか》から、自衛隊を退職した高級将官を毎年招待したいとの指示を受けた。帰国後、後藤節郎は、数名の賛同者を得て、訪中団を組織した。陸軍士官学校出身の元将官の間には、中国側の工作意図を敏感に感じ取り、「乗るべきではない」

とする意見もあったが、三岡《みつおか》元陸将ら5名は、同年10月に「三岡訪中団」を組織して訪中した。ちなみに、「日中友好元軍人の会」というのは、終戦時に中国共産党の捕虜になった日本軍人を洗脳し、その協力者として育てていたものを中心として、中国に協力させるために作られた組織である。この点だけをとってみても「訪中団」の招聘《しょうへい》が中国側の工作であることは明らかであろう。

「訪中団」に対する中国側の対応は、軍関係者のみならず、鄧小平との会談を設定するなど最大級のものだった。感激した彼らは帰国後、「中国政経懇談会」を発足させ、三岡元陸将が代表幹事、後藤節郎が事務局長に就任した。この「中国政経懇談会」が求めたのは、「現職自衛官との橋渡し」と「統合幕僚会議議長の訪問」であった。

1976年以降、「中国政経懇談会」からは、毎年5名から8名前後の訪中団が派遣された。また、日本国内の活動として駐日中国大使館関係者や来日した中国の関係団体との懇談、研究会などの交流を積極的に行なっている。

1987年には、米軍横田基地のテクニカルオーダーが流出した事件で、そのオーダーを買い取って中国に流していた容疑で、事務局長の後藤節郎が逮捕された。「中国政経懇談会」は、彼を除名しただけで、活動を継続させた。

ただ、この会は旧軍人だけで組織されていたために会員が高齢化し、1998年にはいったん解散する方向を打ち出し、訪中団の派遣も中止した。中国側は、だいぶ慌てたようで、会の存続を希望し、以降会長以下は防衛大学校出身者をメインとし、1999年から訪中団が派遣されるようになった。

中国側の目的は、退職高級将校を取り込むことで現役自衛官の人脈を拡大し、親中感情を醸成すると同時に、自衛隊の内部で対中政策を巡って意見の対立を引き起こし、内部の分断を図る点にある。

この自衛隊の工作は、笹川《ささかわ》財団を通じた工作に引き継がれる。このことを次に説明しよう。

巧妙きわまりなき笹川《ささかわ》財団工作

笹川良一《りょういち》氏が、初めて訪中したのは、1984年のことだった。そのときに万里《ばんり》副首相（当時）と会見、1985年10月には、鄧小平との会見が実現している。この会見のパイプ役を務めたのが「中国国際友好連絡会」という組織であった。その実態は、人民解放軍総政治部傘下の対外情報機関であった。

この笹川氏訪中を契機として、日本の右派人脈への働きかけが行なわれた。笹川財団を拠点に、海上自衛隊工作を活発化させたほか、笹川氏が創設に尽力した国際勝共連合に対する工作も活発化させた。その結果、1991年には、国際勝共連合のバックにある統一教会教祖文鮮明《ぶんせんめい》と、北朝鮮の金日成主席（当時）との会談が実現する。名だたる反共組織であった国際勝共連合、その背後にあった統一教会が共産主義国家の領袖と握手するのであるから、西側情報機関は驚きの目で眺めていた。

1998年には、笹川陽平《ようへい》氏は、スパイマスター熊光楷が会長を務める中国国際戦略学会（CIISS）の招きで訪中し、中国国防相らと会談した。すでに、笹川財団は、1997年からCIISSとも接触を始めていた。しかし、CIISSは先にも触れたとおり、総参謀第二部の管轄である。こうした中国の学術団体との交流は、日本側から見れば、「友好」を目的とした「信頼醸成措置」だったのかもしれないが、中国側から見れば「信頼醸成措置」というよりは、情報収集のためのパイプ作りであった。

笹川財団は、自らの訪中にあたり、まず防衛庁制服高官OBで構成する「21世紀信頼醸成訪中団」を訪中させ、笹川氏の訪中時にも制服高官OBを同行させるなど、日中軍事交流に積極的に乗り出した。1999年にはCIISS秘書長を日本に招待、竹下登《たけしたのぼる》元首相をはじめ、親中派といわれる大物政治家への訪問、挨拶のほか、防衛庁長官、統幕議長をはじめとする、主要幹部との会談をセットした。

これ以降、財団の防衛庁制服高官に対する働きかけが急増し、２０００年10月15日から28日にかけて、橋本龍太郎《はしもとりゅうたろう》元首相を団長に据え、秋山昌廣《あきやままさひろ》元防衛事務次官、西元徹也《にしもとてつや》元統幕議長らによる「日中民間防衛交流代表団」が、ＣＩＩＳＳの招待で訪中した。これは、ＣＩＩＳＳの要請を受け、日本財団の曾野綾子《そのあやこ》理事長（当時）が、かねてから医療品援助などで懇意にしている橋本元首相に打診して実現したものであった。

この訪中を通じて、笹川財団とＣＩＩＳＳとの直接対話ルートが確立されることになり、中国による、笹川財団を通じての日本の政財界および自衛隊など各方面に対する工作が活発化した。

その一つが、人民解放軍将校の日本への留学である。笹川財団が、帰国後、早稲田大学関係者に話をつけ、翌年4月から日本の大学に入学させる措置をとった。

さらに、橋本元首相は、帰国後、防衛庁内局幹部を呼びつけて、人民解放軍佐官級将校の来日に対して、接待を講《こう》じるように命じ、部隊見学などをさせるように要求した。さらに、その訪問団に対する答礼として防衛庁から佐官研修団を出すように要求した。以降、笹川財団の資金で、佐官の派遣事業が実施されてきたのだ。

以上、福田博幸氏の『中国対日工作の実態』から紹介したが、インテリジェンスという意味では、日本に留学した人民解放軍将校が日本国内で、情報収集活動を行ない、中国を訪れた自衛隊将校も一部はやはり中国のエージェントとしてリクルートされた可能性は否定できないだろう。

その士官クラスの交流も、２０１２年10月をもって、中国側の意向により突如中止となった。靖国参拝で中国が態度を硬化させた小泉《こいずみ》政権の時代ですら、この交流は続いていた。にもかかわらず、である。この時期にいたって中国側の意向で中止になるということは、日本の安全保障の環境にとって深刻な事態を暗示しているように思える。

率直に言って、この中止は二つのことを意味している。すなわち、一つは総参謀第二部による日本の自衛隊に対する浸透工作は充分に成果を上げたので、これ以上の「交流」は無意味だと中国側が判断したということである。言い換えれば、自衛隊の内部には充分に人脈を作ったので、これ以上の工作の必要がないということだ。

もう一つは、尖閣問題を契機として、中国が日本・アメリカとの軍事的対立を真剣に考慮している可能性である。日本側に、中国側の腹を探られる可能性がある民間交流は、無益であるどころか有害であると判断したと考えられる。２０１３年、もしくは２０１４年は、激動の年になる。それをこの中止事件は暗示しているのだ。

第5章　情報剽窃《ひょうせつ》——総参謀第二部

人民解放軍の「大きな耳」

ナチス・ドイツが連合国に敗れたのはなぜか。その原因の一つは、英国の政府暗号学校（GC&CS）などの米英の通信傍受機関によってドイツのエニグマ暗号が解読されていたためである。日本海軍がミッドウェー海戦で敗れたのはなぜか。それは、日本海軍の暗号が米海軍によって解読されていたためである。一言で言えば、通信傍受活動（シギント活動）は、戦争の帰趨《きすう》だけでなく、国家の存続自体も左右するのである。

現在でもアメリカでは国家安全保障局（NSA）、英国の政府通信本部（GCHQ）が中心となって、全世界を包括する傍受システムが運用されている。それがエシュロンである。

人民解放軍においてこの通信傍受活動を担当するのが、総参謀第三部である。シギント活動とは、一言で言えば、信号の傍受による情報収集を指す。それは、人と人との会話の傍受（コミント）、会話に直接用いられていない電気的信号の傍受（エリント）、あるいはその両者の傍受から構成される。重要な情報は、しばしば暗号化されており、シギント活動には、暗号解読も含まれる。

たとえば、中国に商用でホテルに滞在するとする。そのホテルから日本の本社に連絡をすると、その会話の内容が交渉相手の中国企業に筒抜けであることが後に明らかになることがある。つまり、ホテルでの本社との会話が盗聴されていたのだ。こうした盗聴もシギントの一種である。

しかし、総参謀第三部による通信傍受活動は、世界的な規模で展開されている。それは、米英によって運営されるエシュロンシステムにも匹敵する。つまり第三部とは人民解放軍の「大きな耳」なのだ。

総参謀第三部の組織

第三部は12の作戦局を管轄する。12の局のうち8つの局は北京にある。残りの二つは上海、一つは青島《チンタオ》、もう一つは武漢《ぶかん》に置かれている。12の作戦局は本部に直接報告を送る。

それ以外にも人民解放軍の7つの軍区（北京、成都《せいと》、広州《こうしゅう》、済南《さいなん》、蘭州《らんしゅう》、南京《ナンキン》、瀋陽《しんよう》）と空軍、海軍、第二砲兵部隊に置かれた技術偵察局（Technical Reconnaissance Bureaus：TRB）がある。技術偵察局の局長は、軍区と総参謀本部に報告を送っているものと思われる。第三部は、技術偵察局に活動の方向性を指示し、情報収集と分析の任務を割り振っている。

さらに、民兵と予備役がネットワーク防衛、ネットワーク攻撃、それに技術的偵察、心理作戦でより大きな役割を果たすことが求められている。しかし、第三部の作戦局、技術偵察局が各軍区の民兵や予備役をどの程度まで管理しているのかは不明である。

それぞれの局は、6から14の支部（処）を管轄している。支部の下にはさらにいくつかのセクション（科）が置かれている。しかし、いくつかのセクションは局の直接管理下にある。上海の連絡事務局の他、第三部は香港マカオ連絡局を深圳《しんせん》に置いている。

第三部の各局はそれぞれ、無線や衛星通信の傍受、暗号解読、翻訳、情報保全、情報分析といった特定の任務を担当している。また第三部は、人民解放軍内部の通信が情報保全上の規則を逸脱していないかをモニターする役割を担《にな》っている。さらに、第三部の下部組織である軍区の技術偵察局は、中国の周辺地域に傍受基地を置き、無線通信とその電波の発生源を方向探知（Direction Finding）によって特定している。

現在のところ判明している各局の概要は、次のとおりである。

まず、第1局は、第三部の施設構内に置かれ、中国の各地で活動している他の局を統括している。全体の統括部門と考えてよい。

上海にある第2局は、アメリカ、カナダの政治・経済・軍事関連情報を収集している。

第3局は、支局が全国に分散していることから、国境周辺での無線傍受、方向探知、電波の漏洩の保全、並びに機密保持を担当していると推定されている。

青島に本部が置かれた第4局は、日本と朝鮮半島を対象にしている。

第5局と第10局、第11局は、ロシア関連の情報収集を行なっている。

第6局は、台湾並びに東南アジアを対象にしていると考えられている。

第7局の役割は明らかではないが、コンピューター・ネットワーク防衛・攻撃の研究を行なっているようだ。北京郊外と海外に、衛星の地上基地を運営している。

第8局は西ヨーロッパ、東ヨーロッパと、世界のその他の地域を対象にしている。

第9局は、第三部の主要な戦略情報分析、並びにデータベース管理を行なっている。収集された情報の分析部門であると考えられる。

上海の第12局は、衛星の通信傍受や、宇宙を基盤としたシギント活動などを担当している。外国の、つまりはアメリカの軍事衛星を特定し追尾しているのもこの部局である。

ここに挙げた第三部の組織以外に軍事通信を管理し、その傍受を担当している組織としては、人民解放軍情報化部がある。これは2011年に胡錦濤《こきんとう》政権の許《もと》で通信部から改組されたもので、いわゆる軍事RMAを担当している。この部局は総参謀部内部だけでなく、政府の重要な通信網の保護も担当している。

　これらの膨大な傍受網を支えているのが、第三部の研究機関と教育機関である。代表的なものとしては、世界でも最速のスーパーコンピューターを何台か所有し、暗号解読などの研究を行なっている第56研究所、通信傍受と情報処理システムの研究開発を行なっている第57研究所、暗号技術と情報保全技術に焦点を当てている第58研究所等が知られている。

　これらの研究所に加えて、第三部の活動にとって語学学校は欠かすことができない。中でも最も重要なのは、洛陽《らくよう》にある総参謀第三部管轄下の外国語学校である。技術者や士官候補生は、最終的には、言語の点で重要な国の語学もしくは文学の学生として海外で研修を受けるだけでなく、中国の辺境地域、たとえば内モンゴル自治区や新疆《しんきょう》ウイグル自治区に派遣される。その地域の基地に配属され、その地域の方言を習得し、山岳部の気候に体を慣らすためである。

世界に広がる第三部のネットワーク

　実際のところ、第三部によるシギント活動は中国国内に限らず、世界中で展開されている。ここでは、第三部の海外での活動を紹介することとしよう。

１９８０年代初頭に、鄧小平《とうしょうへい》は四つの近代化をスローガンに、古代中国の「海の精神」を称揚した。これは、彼が客家《はっか》という航海と商業の家系出身であることを考えれば、驚くべきことではない。

１９７９年に、葉飛《ようひ》が人民解放軍海軍政治委員に選出されたとき、海軍のことを何も知らない葉飛にこのポストがつとまるのかと、誰もが疑問に思った。確かに葉飛は、鄧小平とともに対日戦で戦いはしたが、彼の前のポストは通信部部長だったのである。

とはいえ、実はこれこそが狙いだったのである。鄧小平が海軍に望んでいたのは、通信の分野での近代化と発展であった。その後、中国は一連の情報収集船を建造した。それぞれの情報収集船を管理したのは、地域の軍区の第三部の支局、もしくは人民解放軍海軍の海軍情報部であった。

海洋での傍受活動は、国防部の科学技術局局長ワン・トンギュ（Wang Tongyu）、それに、衛星による情報活動、並びに海洋学にも精通した国防科学技術工業委員会副委員長の聶力《じょうりき》によって支援を受けた。特に聶力は、かつてはパリで「通信員」と呼ばれ、周恩来《しゅうおんらい》、それに鄧小平の友人でもあった聶栄臻《じょうえいしん》の娘である。聶栄臻は、長らく国防面での科学技術を担当していた。

この計画によって、ロシアの同型艦をモデルにした12隻ものスパイ船に艤装《ぎそう》が完了し、これらの艦船は太平洋地域で活動することとなった。表向きは、北京の中国科学院に所属する海洋調査船であり、純粋に平和的な海洋の地形の記録にあたるものとされていた。

しかし、上海で建造された遠望1号と遠望2号は、1980年に太平洋に出航し、ICBM大陸間弾道弾の発射を追尾し、分析した。1986年には、遠望1号を「全長190mで、最大時速20ノットを誇り、ロケットの経路を探知し、データを収集し、それらの管理、回収などを行なうことを目的とする」と北京は公表したが、「など」に秘密が含まれていたわけだ。

これらのスパイ船は、返還前の香港、ベトナム、台湾近海で積極的に活動してきた。さらには、レユニオン島やポリネシアといった地域にまで活動の領域を広げている。

日本近海でも、2000年5月から6月にかけて、中国海軍の海冰《かいひょう》号が、対馬海峡、津軽海峡を通って、本州の太平洋沿いに南下し、犬吠埼《いぬぼうざき》沖で情報収集活動を行ない、日本の周りを一周した。自衛隊によれば、この艦は軍事情報活動を行なっていた。

2004年7月には、南調411が、沖《おき》ノ鳥島《とりしま》周辺を航行しているところを日本のP3

―C哨戒機に発見されている。南調４１１は、広東省の湛江《たんこう》を本拠地とする中国海軍南海艦隊に所属する艦船であるが、２００５年にも同じ海域を航海している。

このように、中国艦船による情報収集は頻繁に行なわれている。これらの事例からわかるのは、調査船だからといって、安心してはならないということだ。というのも、これらの艦船の活動目的の中には、米軍や自衛隊の通信の傍受も含まれているからである。

今世紀に入ってからは、中国沿岸を巡航するだけで満足せず、いっそうの傍受能力の向上に努めている。そして、その傍受施設は、今やキューバにまで達しているのである。

それだけではない。友好国にも傍受施設を輸出している。たとえば、コソボ紛争時のユーゴスラビア、サダム・フセイン下のイラク、それにラオスやミャンマーといった国に傍受施設を輸出し、運営している（あるいはしていた）ことが知られている。しかし、中でも目を引くのがキューバでの活動であろう。

旧ソビエトから譲り受けたキューバの通信傍受基地

２００１年、中国は旧ソビエト軍基地を手に入れた。冷戦後、中国とは良好な関係を築いたロシアが、キューバにおけるロシアの手持ちの施設のうち、最も価値のあるものを複数中国に譲渡したのである。この一件は、冷戦終了後とはいえ、アメリカにとっては懸念の材料となった。

ロシアによって譲渡された施設の中には、中国潜水艦も寄港可能なシエンフエーゴスの施設、それに中国の調査船が補給を受けられるパイン島が含まれていた。

しかし、最も重要な拠点は、ハバナ郊外のローデスの70平方ｋｍもの敷地の内部に１９６４年に設置された巨大な通信傍受基地である。ソビエト時代は、この通信傍受基地は、ＧＲＵ（旧ソ連軍情報部）によって管理され、約１５００名の技術者が働いていた。しかし、現在この基地は人民解放軍総参謀第三部によって運営されている。ロシアがこれらの施設を手放した理由の一つは、経済的なものであった。２００１年10月17日の基地閉鎖の際に、アナトリー・クバチン・ロシア軍参謀総長は、モスクワが支払う貸借料は年間２億ドルに達し、同じ金額でスパイ衛星が20回打ち上げられると述べている。

その間、１９９９年初頭に、当時の中国の国防大臣である遅浩田《ちこうでん》は、ローデスの東50ｋｍにあるジェルコへの第二の通信傍受基地の建設を交渉していた。この基地は、アメリカの軍事・民間通信を傍受するためのものであった。

それだけではない。フィデル・カストロの弟で、「エル・チーノ（中国人）」とあだ名されるラウル・カストロは、中国の国家安全部とキューバの情報機関情報総局（la Dirección General de Inteligencia）との間での情報交換に乗り出したのである。

この同盟を締結するために、3人の中国系キューバ人の将軍、アルマンド・チョイ、グスターボ・チュイ、モイセス・シオ・ウォンが活躍した。ウォンは中国キューバ友好協会の会長である。彼らは現地の中国人社会に属し、カストロとチェ・ゲバラの権力奪取に協力した経歴を持つ。

このように、第三部は、海外でも広範なシギント活動を展開している。しかし、最近では第三部には新たな任務が課されるようになった。それはサイバー空間における活動である。

サイバー空間を舞台とした第三部の新たな任務

近年の人民解放軍では、陸海空に加えて、宇宙空間、そしてサイバー空間も戦場として想定している。そこで活躍が期待されているのが、ここで紹介した第三部と次に説明する第四部なのである。

一言でサイバー戦争と言っても、さまざまな用語が用いられるので、最初にその用語を紹介しておきたい。

まず、コンピューター・ネットワーク上での作戦を総称して、コンピューター・ネットワーク作戦（Computer Network Operations：CNO）という。CNOは、コンピューター・ネットワーク防衛（Computer Network Defense：CND）、コンピューター・ネットワーク・エクスプロイテーション（Computer Network Exploitation：CNE）、コンピューター・ネットワーク攻撃（Computer Network Attack：CNA）からなる。

ここで、コンピューター・ネットワーク防衛（CND）とは、コンピューター・ネットワーク内において、認可されていない活動を防止、監視、分析、検知、および対応を行なうための活動を指す。

コンピューター・ネットワーク・エクスプロイテーション（CNE）とは、コンピューター・ネットワークを利用し、攻撃目標、または敵対者の自動情報システム、またはネットワークからデータを収集する活動を指す。情報剽窃《ひょうせつ》と言い換えてもよい。

コンピューター・ネットワーク攻撃（CNA）とは、コンピューター・ネットワークを利用し、コンピューター自身、それにネットワーク内の情報、またはネットワークそれ自身を文字どおり混乱、妨害、機能低下、もしくは破壊する活動を意味する。

このうち第三部が担当するのは、ＣＮＤと、ＣＮＥである。そして、一番手荒なＣＮＡは第四部が担当すると考えられる。

しかし、実際にこれらの活動を遂行するには、高度に専門性の高いスタッフを準備しなければならない。そのために、インフォ・ウォー（Info War＝情報戦争）民兵という制度が創設されている。

インフォ・ウォーの民兵とハッカー

今世紀に入ってから、人民解放軍はインフォ・ウォー民兵部隊を創設してきた。人民解放軍のメディアによると、河南省《かなん》小軍区は２００７年、通信およびネットワーク戦争民兵組織を創設した。そして安徽省《あんき》の部隊は２００８年から、特殊技術訓練の教官要員として、大企業の民兵隊員をリクルートしはじめた、とある。

これらの部隊は、民間ＩＴセクターおよび大学の要員から構成されており、人民解放軍によるインフォメーション・ネットワーク・オペレーションに、中国市民情報セキュリティ専門家たちが運用上で組み込まれていることを示している。これらの民兵が第三部、第四部のどちらの管轄下にあるのかは明らかではないが、高度な技能を持った民間人を人民解放軍のIT兵力として用いようとしているのは確かだろう。

こうした民兵に加えて、中国国内のハッカーの存在も見逃すことはできない。インターネットの草創期においては、ホンコン・ブロンドのような反体制派ハッカーも見られたが、中国国内での法整備により、あからさまな反体制派ハッカーの活動は減少している。その一方で1999年から2004年にかけては、中国のハッカーたちは愛国主義を旗印にした攻撃を恒常的に行なっている。そして著名な中国人ハッカー組織は、合法的かつ専門的な情報セキュリティー会社に変身したようだ。

激化するコンピューター を通じた情報剽窃《ひょうせつ》

にもかかわらず、コンピューター・ネットワークを通じた情報剽窃（CNE）は、激しさを増しているように見える。

2003年以降、アメリカのコンピューターシステムに一連の組織的な攻撃が行なわれたタイタンレイン事件をはじめとして、2006年6月の台湾国防部と台湾米国協会への攻撃、2006年7月のアメリカ国務省へのネットワーク侵入、2006年11月の、アメリカ海軍兵学校のコンピューターへの攻撃、2007年6月のアメリカ国防総省内部部局のEメール・システムへの侵入、2007年8月のドイツ政府へのサイバー攻撃と、中国からのものと思われるサイバー空間での攻撃は、執拗《しつよう》に繰り返されている。

2010年4月8日には、18分の間、中国の国営通信企業チャイナ・テレコム社の関与により、全世界のインターネットの情報の流れのうち、15％に相当する分量の通信経路が、中国のサーバー経由に振り替えられたほどだ。このときに収集された情報の中には、米国政府や国防総省のネット情報も含まれ、米陸海空軍や国防長官オフィス、商務省の情報なども含まれていたという。

この種の攻撃で最も衝撃的だったのが、いわゆる「ゴーストネット」事件である。2009年3月に、トロント大学の研究グループとコンサルティング会社が共同運営するサイバー・セキュリティ監視プロジェクト「Information Warfare Monitor」は、世界規模のスパイ・ネットワーク「GhostNet」の存在を報告する文書を公開した。

その報告書によれば、世界103カ国のパソコン計1295台以上がすでにGhostNetに取り込まれていた。さらにその3割が外交機関や国際組織、報道メディア、非政府組織（NGO）といった、機密性の高い情報をしばしば扱う組織で使われていたという。その活動には、チベット活動家サポーターをターゲットとしたフィッシングメール、チベット亡命政府所有サーバーに仕掛けられたマルウェア経由でのサーバーコントロール、ダライ・ラマの個人オフィスからのドキュメント剽窃・盗聴が含まれていた。これは、中国政府によるものとは断定されていないが、明らかに海外での中国の反体制派を対象にした工作であった。

2010年9月7日には、尖閣諸島付近で日本の海上保安庁の巡視船と中国の漁船が接触する事件を契機として、その直後から、日本の大学などのホームページが中国語や中国国旗に書き換えられた。

2011年10月24日には、9月に日本の三菱重工業の神戸造船所、長崎造船所、名古屋誘導推進システム製作所など計11カ所で、サーバー45台と、パソコン38台の計83台がウイルスに感染し、外部から侵入されていたことが判明した。一部で軍事や原発の情報を送信した痕跡が残っており、戦闘機、ヘリコプターなどの防衛装備品や、原発の情報が流出している可能性があるとされた。同様の攻撃は、IHI、川崎重工にも行なわれていた。

同年、日本の衆議院では7月に、そして参議院では8月に、それぞれ議員2名のパソコンに、中国が発信元の「資料送付のお知らせ」等の題名のメールが届いた。その添付ファイルを開いたことで議員のパソコンはもちろん、両院の公務用端末がウイルスに感染した。このウイルスは「トロイの木馬」といわれるもので、衆参両院とも最初に感染したパソコンは、中国とシンガポールの同じサイトに強制的に接続され、中国国内からの遠隔操作でネット加入者のIDやパスワードなどが盗み出されていた。衆議院では議員と秘書、あわせて約960名の、参議院では700名以上のIDとパスワードが流出した可能性があるとされた。さらに、衆議院では「管理用パスワード」も盗まれており、これを用いれば、議員らのメールや文章を自由に読める状態が約1カ月つづいていた。この事件においても、外交や防衛に関する機密情報が流出した可能性が指摘されている。

とはいえ、派手な活動はしばしば国際的な軋轢《あつれき》を引き起こす。特に、2006年冬のドイツ連邦政府組織への攻撃では、総参謀第三部はメルケル首相のコンピューターにまで侵入を試みた。これらの活動は、コンピューター・ネットワークを通じた情報の剽窃という点では、建前上は第三部の任務に含まれるが、ドイツ政府との外交上の緊張を引き起こしたことは言うまでもない。

その結果、当時第三部の部長を務めていた呉国華《ごこっか》は、第二砲兵部隊副司令に転属となっている。これは奇妙な人事である。というのも、呉国華は、北京外国語学院を卒業し、ロシア語で博士号を取得している文科系の軍人だからである。ロシア語を専門とする将校が、戦略核兵器を扱う部門に行って何をするというのだろうか。ただ、あからさまな降格人事でもないので、中央軍事委員会も苦慮した末の人事であったと考えられる。

　この事件から推測するに、2006年から2007年にかけての欧米諸国に対するサイバー攻撃は、中国共産党からの命令というよりは、人民解放軍の独自の試みという色彩が強いと考えられる。それに対して、中央軍事委員会、ひいては中国共産党中央委員会も厳しく対応できなかった。この一件は、中国共産党が人民解放軍を完全に掌握しきれていないという実態を明らかにしているように思われる。

　先のコンピューター・ネットワーク作戦（CNO）に話を戻せば、第三部が担当するのはコンピューター・ネットワーク防衛（CND）やコンピューター・ネットワーク・エクスプロイテーション（CNE）である。しかし、本当に脅威なのは、ネットワークそのものを破壊しようとするコンピューター・ネットワーク攻撃（CNA）なのではないだろうか。このCNAを担当するものこそ、次章で述べる第四部なのである。

第6章　サイバー攻撃——総参謀第四部

軍事的劣勢を覆《くつがえ》す最後の手段

中国の情報活動に関わる人物に、芸術愛好家が多いのは偶然なのだろうか。古いところでは、たとえば中国きってのスパイマスター康生《こうせい》は、中国の古典文学をこよなく愛する人物でもあった。また総参謀第二部の部長を務めた熊光楷《ゆうこうかい》は、古書愛好家（ビブリオマニア）であることでよく知られている。熊光楷の場合、筆者のサイン入りの古書を特に集めていたそうなので、古書集めを通じた人脈作りという側面があったのかもしれない。

そして、ここで紹介する戴清民《ダイキンミン》将軍も、中華詩詞学会、中国書法家協会に所属する芸術家としての顔を持つ軍人である。中国人民革命軍事博物館でも、彼の書道の作品の展覧会が開かれ、彼の詩は『人民日報』や『解放軍報』等のメディアにも掲載されている。

しかし、戴清民に関して重要なのは、本業である軍人としての業績である。60編以上の軍事関係の論文だけでなく、『信息作戦概論（情報作戦概論）』、『網電一体戦引論』、『求索』、『科学発展観與軍隊信息化』、『戦争新視点』など11もの情報化作戦に関する著作がある。1960年に人民解放軍に加わり、参謀、秘書、通信団長、通信センター主任、総参謀部通信部副部長、電子工程学院院長、総参謀第四部部長、軍隊情報化専門家諮問委員会主任を務めた。

以前は、人民解放軍内部では「インフォ・ウォー（IW）は、戦時でも平時でも生じる。それはイデオロギー的闘争の一部である。インフォメーション・オペレーションは戦時にしか生じない」とされていた。この表現から判断する限りでは、人民解放軍はサイバー戦争に参加はするものの、そこでの積極的な役割までは想定しているようには見えない。

しかし、戴清民は、そうした消極的戦略の大転換を図るのである。戴清民は「インフォ・ウォーの6つの形態」として、作戦上の機密保持、欺瞞《ぎまん》工作、コンピューター・ネットワーク攻撃（CNA）、電子戦、インテリジェンス、心理的破壊を挙げた。中でも問題になるのが、電子戦とコンピューター・ネットワーク攻撃である。

ここで言われているのが中国流の「統合化されたネットワーク電子戦（INEW）」で、これは、敵の情報ネットワークの活動を阻害し、自軍のネットワークを防衛することを目的とし、電子戦とコンピューター・ネットワーク戦を統合して用いる一連の戦闘作戦行動を指す。言い換えれば、さまざまなネットワーク操作により、味方のネットワークを保護する一方で、敵のネットワークを乗っ取り、情報戦において圧倒的に有利な地位を確保するということである。

この戴清民の発言に見られるように、中国は優《すぐ》れた戦略を用いることで、技術的な欠陥は乗り越えることができると信じている。通常兵器では米軍には当分かなわない。しかし、コンピューター・ネットワーク上での作戦により、米軍の優位を覆《くつがえ》すことができると考えている。つまり、中国が構想しているのは、サイバー空間の戦争で優位を確保することで、現実の軍事的均衡を覆すことなのだ。これが実現すれば、軍事戦略上の大転換となることは疑いがない。

総参謀第四部の機構と役割

現在の中国人民解放軍のサイバー戦争への取り組みを述べる前に、現在の総参謀第四部の機構と役割を紹介しておこう。そもそも、第四部は、1990年に電子戦組織として創設された新しい組織である。第四部は、電子対抗局、レーダー局、戦術部隊管理局、有機ECMレーダー部隊、それにさまざまな研究機関から構成されている。さらに戦術部隊管理局の下には、陸軍ECMレーダー部隊、空軍ECMレーダー部隊、海軍ECMレーダー部隊がある。

第四部の主要な役割としては、研究開発を挙げねばならない。その目的は、敵（主に米軍）のＣ４ＩＳＲ、および指揮ネットワークに対する情報支配を獲得する（つまり、ネットワークを乗っ取る）ための技術開発である。Ｃ４ＩＳＲとは、軍隊における情報処理システムを指す。指揮官の意思決定を支援して、作戦を計画・指揮・統制するための情報資料を提供し、またこれによって決定された命令を指揮下の部隊に伝達するシステムである。部隊の統制や火力の効率的な発揮には欠かすことができない。このシステムは、米国では、データリンク11、データリンク16として知られている。古くは１９９１年の湾岸戦争、最近では２００３年のイラク戦争で、存分に利用された軍事インフラがこのデータリンクなのである。

第四部の主要な研究所は、米軍作戦の鍵となるＣ４ＩＳＲシステムに対抗することを目的として、さまざまなテーマに関して研究活動を行なっている。第四部に所属する研究所で行なわれている研究は、ＧＰＳジャミング、データリンク対策、欧米の軍隊において一般に使用されている衛星通信に関連した周波数帯域のジャミング、および合成開口レーダー（ＳＡＲ）のレーダージャミングに関連したものであった。

第四部の受け持つ第二の役割としては、人民解放軍における攻撃的情報戦を担当するという点が挙げられる。統合ネットワーク電子戦（ＩＮＥＷ）がコンピューター・ネットトワーク攻撃（ＣＮＡ）を主導する戦略になった２００２年以降に、この権限が強化されたようである。

情報戦およびコンピューター・ネットワーク作戦（ＣＮＯ）戦略の将来の方向性に関しては、中国政府、人民解放軍内部でも意見の対立があった。この問題は、２００２年に戴清民少将が第四部部長に就任した後、第四部に有利に解決されたようだ。彼は、統合ネットワーク電子戦（ＩＮＥＷ）戦略を支持し、その概念化を推進したとされる。

第四部の第三の役割は、電子対策（ＥＣＭ）連隊の監督である。それらの多くは、中国の大部分の軍区で集団軍に統合されている。大規模な複数軍区および複数集団軍の演習において、これらの部隊が電子対策とコンピューター・ネットワーク攻撃（ＣＮＡ）双方を実施しているという人民解放軍のメディア報道が多く見られるようになった。これらの報道から判断できるのは、統合ネットワーク電子戦（ＩＮＥＷ）と情報優勢（information superiority）獲得作戦が伝統的な火力要素と結びつけられており、人民解放軍の作戦計画の中での情報戦の重要性が高まっているということだ。

総参謀第四部の真の狙い

中国は、これまでに公式な情報戦（ＩＷ）戦略文書を発表していない。「軍事戦略方針」として知られる長期的な命令を公表しているのみだ。この方針は、あくまで間接的なもので、情報戦などの戦術と具体的な戦いの原則に関しては明確な記述は見られない。そもそも、中央軍事委員会（ＣＭＣ）は、１９４９年以降、わずか5回しか軍事戦略方針を改訂していない。前回は、１９９３年のことであった。この改訂では、人民解放軍は「ハイテク条件下の局地戦」に備えなければならないとされている。

この方針は、２００２年の第16回党大会でさらに改訂された。江沢民《こうたくみん》が「情報化条件下の局地戦」に勝利する能力を開発しなければならないという方針を打ち出した。「ハイテク条件下の局地戦に備える」という表現から、「情報化条件下の局地戦に勝利する」表現に書き換えられたのである。これは、一見マイナーな変化に見えるが、この言葉は、人民解放軍にとって情報化の時代が到来したことを告げるものであった。

胡錦濤《こきんとう》は２００４年12月の拡大中央委員会で、新たな人民解放軍の使命を提起し、２００７年第17回党大会でそれを正式に導入した。その使命には、軍の能力を台湾有事を超えた能力に高めること、さらに、国家経済発展、拡大された領域権益、および共産党に対する支援などの国家戦略目的に対する軍の支援が含まれた。

「台湾有事を超えた能力」とは、第一列島線を越えて、第二列島線にまで軍事的影響を拡張させるということを意味している。第一列島線、第二列島線というのは、中国が独自に構想する自国の勢力圏の目安である。具体的には、第一列島線とは、九州を起点に、沖縄、台湾、フィリピン、ボルネオ島にいたるラインであり、第二列島線とは、伊豆諸島を起点に、小笠原諸島、グアム・サイパン、パプアニューギニアにいたるラインを指す。

この領域において、人民解放軍は、A2／AD戦略、すなわち、アジア・西太平洋戦域で展開される中国の軍事作戦に対する米軍の介入を阻止するための戦略（Anti-Access）と、第二列島線以内の海域において、米軍が自由に作戦を展開することを阻害するための作戦（Area Denial）を展開するものとみられる。

人民解放軍の狙いは、米軍のように、戦場認識、情報伝達、それに指揮系統をネットワーク化し、すべての軍種の部隊の情報を、複数の指揮レベルがアクセスできる共通作戦状況表示に統合することである。それによって、統合作戦目的を達成しようというのだ。データリンクという点では、欧米のデータリンク11に相当するＨＮ―９００、そしてデータリンク16に相当するＪＹ10Ｇを導入しつつある。

ネットワーク化といっても、単に人民解放軍のさまざまな部隊をネットワークで結ぶということに留まらない。ネットワーク戦、電子戦、心理戦、水中音響戦などの複数の情報戦能力を束ねて、攻勢作戦と防衛作戦を調整する壮大なネットワークを作り上げようとしているのである。防衛作戦を自らのネットワークを安全に確保することだとすれば、攻勢作戦とは、相手側のネットワークを妨害する、もしくは無力化することを意味する。これは、第三部によるインターネット上での情報剽窃（CNE）といった水準をはるかに超えるものだ。すでに、相手側のネットワークを乗っ取るのに先立ち、敵の情報センサーとネットワークを攻撃することは、人民解放軍の作戦計画の中軸をなしている。

実際、南京軍区の人民解放軍上級将校は、2008年に『情報化統合作戦』という著作の中で、コンピューター・ネットワーク攻撃と電子戦を、将来の統合作戦の主要な構成要素と考えている。そして、「大きいサイズの島の統合火力攻撃作戦」に関する議論の中で、敵の指揮・統制ネットワークを麻痺《まひ》させるコンピューター・ネットワーク攻撃（CNA）の使用を明記している。この研究のタイトルにある「大きいサイズの島」とは、もはや台湾のことではあるまい。この「大きいサイズの島」とは、文字どおり日本を指すのではないだろうか。

そして、人民解放軍のコンピューター・ネットワーク作戦（CNO）を調整・監督するための部局として、総参謀本部に直属する情報保障基地が2010年に創設されている。この情報保障基地の下に、コンピューター・ネットワーク作戦を一元化するものと考えられている。

人民解放軍内部でのサイバー戦争重視という方針によって、軍内部の演習の内容も様変わりしつつある。たとえば、2011年10月下旬に、山東省《さんとう》で行なわれた複数軍種演習「統合—2011」では、「統合情報攻勢的・防勢的作戦」が、統合火力攻撃、統合作戦計画、統合偵察、および早期警戒と同じように重要視され、演習の一つのテーマとして含まれていた。

「青軍情報戦部隊」の創設

陸軍や空軍であれば、伝統的に仮想敵国の軍隊を模した対抗部隊を創設して、自軍の訓練にあたることはよく見られる。その対抗部隊がサイバー戦においても創設されたのである。人民解放軍は、自軍のネットワーク防衛の訓練のために、仮想の敵の軍隊として「青軍情報戦部隊」を創設し、この舞台を用いた、より現実的で実践的な演習を行なっている。

たとえば、複数の軍区が参加した大規模演習「鉄拳―2009」では、「ジャミングおよび情報攻防部隊」と呼ばれた青色部隊が、統合されたネットワークおよびジャミング攻撃を行ない、人民解放軍である赤軍の機甲歩兵地上攻撃グループの指揮・統制ネットワークを成功裏に制圧したとされる。また、複数の軍区が参加した「任務行動―2010」では、青軍は敵の行動を麻痺させるために、赤軍の指揮・統制ネットワークに対して、長距離爆撃と「電子妨害とハッカー攻撃」を統合して実施した。

青軍に関しては、作戦の現実性を高めるために、外国の戦術や手順を取り入れているようだ。一部の部隊では、外国軍隊の戦術やシステムに精通した専門家を研究専門グループに確保している。

米軍の弱点を狙う人民解放軍

中国が狙う米軍の弱点は、指揮系統と兵站《へいたん》である。中国は、ほぼ10年間にわたって、ネットによる情報剽窃（CNE）によって、米軍、米政府、民間部門のネットワークから情報を収集してきた。この成果を利用して、太平洋に展開される米軍の兵站ネットワーク、指揮・統制インフラ、情報収集システム、さらには民間物流業者など、軍事作戦を直接支援する潜在的な民間標的を含むネットワークを標的にする可能性がある。

中国の防衛産業は、15年以上にわたり、米国のシステムを標的とした宇宙基盤ネットワークの情報戦能力の開発に力を入れてきた。その結果、ミサイルによる周回衛星に対する物理的攻撃能力、地上配備のレーザー兵器による攻撃能力、および画像偵察衛星に対する地上配備レーザーからの工学的妨害の能力を開発するにいたった。衛星を物理的に破壊できるということは、GPS衛星も破壊できるということであり、地上からレーザーを用いて画像偵察衛星の活動を抑止できるということは、米軍が何らかの対抗措置をとらない限り、米軍の目と耳を奪うことができるということだ。

コンピューター・ネットワーク攻撃（CNA）の分野での研究開発は、標的のコンピューター・システムのバイオス（Basic Input/Output System：BIOS）レベルからの情報剽窃と、より洗練されたルートキットによってツール（マルウェア）を侵入させる手法に進化している。この場合は、そのまま米軍のシステムから情報収集を続ける場合もあるだろうし、適切なときに情報インフラを混乱させることも可能だろう。

コンピューター・ネットワーク攻撃（CNA）のもう一つの手段が、大量のサービス拒否攻撃である。これは、インターネット上の通信量を増大させ、通信を処理している回線やサーバーの処理能力を占有することで、システムを使用困難あるいはダウンさせたり、その過負荷によってサーバーの機材そのものを誤作動させたり破壊したりするという手法である。

この大量サービス拒否攻撃をテストするために、上海交通大学のコンピューター科学工学部の研究者は、「ネットワーク戦対策」シミュレーション・モジュールを開発している。このモジュールは短時間の間に、1400万ものネットワーク・アクセス・リクエストを生成および送信できる、とのことだ。この例が示唆しているのは、サービス拒否攻撃が現在の中国軍の研究開発の一つの柱であり、コンピューター・ネットワーク攻撃のレパートリーの一部であるということだ。

次に兵站《へいたん》を取り上げてみよう。直接米軍でなくとも、米軍を支援している民間業者を標的とすれば、戦域に迅速に人員と補給物資を投入する米国の活動を遅らせることができる。請求書発行、在庫管理、および注文の処理のために米太平洋軍と直接にネットワークで連結されている民間契約者を標的にしてコンピューターの内部に侵入できれば、これらのネットワークの間に存在するコンピューターの論理的な信頼関係を悪用し、中国が、米太平洋軍内部の非機密ネットワークに直接アクセスできることになる。実際、米太平洋軍の補給品の配分と部隊展開の90％以上の業務は、民間および国防総省の非機密のネットワークを通じて処理されている。これが、米太平洋軍へのネットワーク侵入に対する試みが増加した一つの要因と考えられている。

兵站部分のネットワークを攻撃することで、二つの作戦が可能である。一つは、請求書発行や在庫管理の流れから、米軍の実際の展開状況を知るというものだ。もう一つは、ネットワークを無力化することで、米軍の兵站のペースを遅らせることである。

軍事作戦に直接影響が出る分野では、空中給油システムが挙げられる。この空中給油システムへのアクセスは、個人のユーザーアカウントを通して認められる。それは、ほとんどのインターネットやイントラネットのアクセス制御と類似したユーザー名とパスワードの認証、およびアイデンティティ管理プロセスにより管理されている。したがって、この空中給油システムにも、中国のコンピューター・ネットワーク攻撃が向けられる可能性が否定できないのだ。

最終的に米中の軍事対決が避けられない事態に陥れば、より直接的な攻撃手段が用いられる可能性がある。事前にネットを通じて挿入したバイオス破壊ツールによって、システム運用のために必要なマイクロプロセッサーを含んだマザーボードの回路基板が破壊される可能性がある。ハードディスク・コントローラーは破壊され、CMOS RAM（ハードウエア構成に関する情報が格納されている小容量のＲＡＭ）を上書きし、フラッシュメモリーを消去するように設計されたツールによって、ハードウエア全体が完全に使用不可能にされる恐れがある。こうなれば、ソフトを入れ替えるだけでは不十分で、パソコンを丸ごと交換する以外に手段はない。

ここに挙げたのは、あくまで可能性にすぎないが、実現する可能性がきわめて高いと考えられる。

金融システムへの攻撃も視野に

以上列挙したのは、直接米軍に対する攻撃として考えられる可能性のごく一部にすぎない。それ以外にも陽動作戦という可能性も考えられる。この攻撃は、弱体化、もしくは永続的な損害を残す必要はなく、単に局地的なレベルの一時的なネットワークやその他のタイプのサービスの遅延を引き起こせば十分である。

中国政府は、米国の重要インフラの脆弱性に注目している。大連《だいれん》工業大学の研究者が発表した研究は、カスケーディング攻撃（被害が段階的に連鎖していく攻撃）に対する米国送電網の脆弱性に関するものであった。送電網の脆弱性と損傷の連鎖的拡大防止に関する研究は、元来盛んに研究されている分野ではあるものの、その選択肢と地域を指名しているという点で類《るい》を見ない。

米国政府機関への攻撃も想定される。中国との緊張が高まる時期に、米国政府に対してサイバー攻撃が仕掛けられたとすれば、省庁内部の意思疎通を悪化させるだろう。中国がまさに攻撃を仕掛けようとしているときに、サイバー攻撃が行なわれれば、その危機に対応するために、情報を収集しようとする政策担当者の能力は極度に低下するだろう。この種の攻撃であれば、米国の同盟国である日本にも、同盟を崩す工作として仕掛けられる可能性が高い。

米国政府以外にも、金融市場に対するサイバー攻撃も大きな被害をもたらすと考えられる。過去30年の間に、世界の大部分の清算と決済の基盤は米国に集中した。その結果、米国の金融インフラに攻撃が仕掛けられれば、国際的な影響も膨大になることが予想される。米国の金融インフラが機能不全に陥れば、市場全体の流動性の崩壊、支払い能力の問題、および厳しい運用上の非効率性に直面するであろう。

また、同盟国である日本にも、この種の攻撃が仕向けられることは充分に考えられる。

これらのサイバー戦争を指揮するのが、第四部を中心とする人民解放軍の専門部隊である。この部隊は国家安全部などの他の情報機関、民間のハイテク企業、それに一流大学出身者から選抜された情報戦民兵部隊を含む民間組織によって支援されている。中国はすでに相当のサイバー戦における能力を身につけている。サイバー空間での真珠湾はもう間近なのかもしれない。

第7章　官民あげての経済インテリジェンス

狙われる海外企業

最近では、日本企業も中国人の研修生を受け入れる場合が多いようだ。しかし、その研修生が産業スパイではないかと疑われる行動に出ることも、しばしば見られる。ここではフランスの事例を紹介しよう。

2005年4月27日に、パリ西部近郊の都市グレ＝ザルマンヴィリエールにあるヴァレオ社の空調部門の事務所に、ファン・リリー（Huan Lili）といううら若い中国人女学生が呼び出された。ヴァレオ社は、フランスに本拠を置く自動車部品メーカーであり、自動車部品関連分野では世界の十指に入る企業である。そして中国にも支社を置き、アジア進出に熱心な企業として知られる。

リリーは22歳で、コンピエーニュ工科大学の学生であった。その彼女が、ヴァレオ社のコンピューター制御を扱う研究開発部門で研修を受けるチャンスを手に入れたのだった。その研修の際に、後に自身で認めているように、彼女は自動車メーカーのBMW、ルノー向けの計画、不良品に関する報告書、中国におけるヴァレオ社の計画や組織図といった彼女の研修には全く関係のないファイルを、自分の携帯用コンピューターにコピーしたのである。

彼女は中国における自動車産業の先進地域、武漢《ぶかん》の出身であった。そのために、彼女は中国本土から指示を受けていたのではないかと疑われていた。実際、BMWは別のスパイ網によって自社の四輪駆動車の情報が剽窃され、そのコピー車が中国の自動車メーカーによって欧州で販売されるという苦汁をなめていた。シトロエン社も1993年に自社のCXシリーズの情報を盗まれ、その半分の金額でやはり中国企業によってコピー車が売り出された。こうした産業スパイ事件が頻発していたために、彼女も中国側の産業スパイの一員ではないかと疑われたのである。

本人の言い分としては「研修のレポートを作成するために、とにかくファイルをコピーした」ということであり、警察による調査でも、それらのファイルを中国に送ったという証拠は発見されなかった。そのため、裁判では会社における背信行為、並びにデータの不正閲覧の罪だけが問題とされ、6カ月の禁固に執行猶予がつけられたのである。

実は、ヴァレオ社にも強気に出られない理由があった。というのも、ヴァレオ社は、中国支社を北京、販売会社を上海、工場を長春《ちょうしゅん》、無錫《むしゃく》、南京《ナンキン》、武漢、荊州《けいしゅう》、上海、婁底《ろうてい》、深圳《しんせん》、佛山《ぶつざん》に置いており、研究施設も武漢、上海に置いていた。大企業であるだけに、ヴァレオ社は、研修生のスパイ行為も見抜けず、これを告発した間抜けな大企業という、世間での評価も気にせざるを得なかったのである。そして当然、中国当局の出方も気になったに違いない。その結果、ヴァレオ社は強気の対応を最後まで維持することができなかった。かくして事件は灰色のまま終わりを迎えた。

ドイツにいる産業スパイの60%は中国人

日本でも2007年に、トヨタ系列の自動車部品メーカーのデンソーを巡る事件が起きている。この事件では、犯人の楊魯川《ようろせん》はミサイル・ロケットを開発・製造する中国国営の「中国航空工業公司」に勤務した後、1990年に来日。日本の工業系大学を卒業後、民間企業に勤務。2001年、デンソーに入社、センサー類の設計等を担当していた。

楊が、社内のデータベースからダウンロードして盗んだデンソーの機密情報は、産業用ロボットや各種センサー、ディーゼル燃料噴射装置など、1668種類の製品に関するものであった。そのうち、280種類は、デンソーの最高機密に相当していた。

楊は2006年10月から翌年2月、すなわち、大量の情報を盗んだ時期、中国に3回帰国している。逮捕されたのは、4回目の中国への帰国直前であった。つまり楊が手に入れたデンソーの重要機密は、すでに流出した後である可能性が非常に高いのである。

それ以外に、ドイツの公安・防諜機関である連邦憲法擁護庁（ＢｆＶ）も中国人経済スパイには警戒を強めている。実際、中国は２００５年以来、ドイツ企業に対し産業スパイ活動を続けており、ドイツにいる産業スパイの60％は中国人である、とＢｆＶの職員も述べているほどだ。このように、ほとんどの国や地域の企業が、中国の経済インテリジェンスの格好の標的となっているのである。

中国経済インテリジェンス体制の機構と役割

では、現在の中国経済インテリジェンス体制は、どのようになっているのだろうか。

中国経済インテリジェンス体制の筆頭に挙げられるのが、国務院研究室である。この部局は、江沢民《こうたくみん》の意向により、従来の一般政治情報部局としての機能を失い、商業、経済上の戦略的情報調査に特化している。現在の室長は謝伏瞻《しゃふくせん》である。

国務院研究室は、中国共産党幹部の居住区である中南海にあり、首相に直属している。その目的は、政策決定のために内外の経済並びに社会の情報を収集し、整理し、分析することにある。また国務院研究室は、中国共産党の指示を文書化し、政府が採用する改革案を検討する。とはいえ、国務院研究室は単なる文書管理機関ではなく、本格的なシンクタンクでもあるのだ。

国務院研究室は6つの課から構成されている。第一課は官房で外事を担当している。第二課はグローバル研究課、第三課はマクロ経済研究課、第四課は商業・輸送・産業研究課、第五課は地域経済研究課、第六課は社会発展研究課である。

この国務院研究室は、国務院の二つの主要官庁とともに活動している。一つは商務部、もう一つが科学技術部である。この商務部は、2003年に対外経済貿易合作部と国家経済貿易委員会の貿易部門を併合して設置された官庁である。この二つの官庁も、世界規模での調査能力を有している。特に商務部は、膨大なマンパワーを備えた経済情報機関である。

商務部は、部内の専門部局によって支援されている。たとえば国際経済貿易関係司といった部局や、多数のシンクタンク、研究所、たとえば北京の国際貿易研究所、経済調査国立研究所、上海の経済調査センターなどの協力を得ている。特に、国際貿易研究所は経済インテリジェンスの主要な機関として1994年に設置されている。

そして、データ・バンクの設置や、経済調査にあたっての地域支部、『海外貿易調査』誌による海外の情報の中国企業への提供といった活動は、中国銀行など周辺の外局にも支えられている。

とはいえ、商務部の経済インテリジェンスの専門家は、国務院の防諜・公安機関である国家安全部とも協調して活動を行なっている。特に国家安全部の企業局、科学技術局との関係が緊密である。特に企業局は、経済インテリジェンスの担当部局として2000年に新設された。その一方で科学技術局は科学技術分野を担当しており、国務院科学技術部との関係が深い。

ちなみにこの科学技術部は、自動車産業の専門家にして、非共産党員である万鋼《まんこう》が部長を務めている。これらの組織は、情報、特許、報告書の入手にことさら熱心であり、中国国籍を持たない中国系の人材のリクルートにも取り組んでいるほどだ。

科学技術部官房の調査部門1と調査部門2は、電子文書部門の支援を受けてインターネット上で情報を収集している。また科学技術部の国際合作司は、対外情報活動を積極的に行なっている。国際合作司は、地球規模で、国家もしくは個々の研究機関との国際協定締結に取り組んでいる。この国際合作司には7つの課があり、計画総務課、会議運営課、アメリカ・オセアニア課、アジア・アフリカ課、欧州課、研究政策課、東欧中欧課から構成されている。

国際合作司は、海外の中国外交使節に科学技術アタッシェを派遣し、国家安全部と軍事技術を担当する国防科学技術工業委員会と連携をとりながら活動している。科学技術部の組織構成から、中国がほとんどあらゆる地域に経済インテリジェンスのネットワークを広げていることがわかる。

こうした政府機関と並んで民間企業の中にも、経済インテリジェンス機構が存在する。それがファーウェイ社の情報収集システムである。

成長著《いちじる》しいファーウェイ社の場合

ファーウェイ・テクノロジー（Huawei Technologie、漢字表記では「華為技術有限公司」）は、中国における通信産業の大手企業である。１９８８年に、人民解放軍の士官であった任正非《にんせいひ》が、深圳経済特区に設立したのが始まりである。ファーウェイ社は、世界の携帯電話会社50社のうち、30社と取引をもつ。たとえば、ブリティッシュ・テレコム、テレフォニカ（スペイン）、フランス・テレコム・オランジュ、チャイナ・モバイル、ボーダフォン（英）、ソフトバンク（日）といった企業である。

ファーウェイ社は、世界中に3万名の研究者を抱えている。この研究部門は社内でも最も重要視されている部門であり、予算の10%が振り向けられている。ファーウェイ社全体の従業員が6万2000名であることを考えるならば、約半数の従業員が研究開発に携わっているという勘定になる。ファーウェイ社が、新たな地域に進出しない週はないほどだ。

ライバル企業からは、ファーウェイ社が手段を選ばない経済スパイ活動を行なっているのではないかという嫌疑をかけられている。それに対してファーウェイ社は、国際道義にもとる行動はとらないと公言しているが、2001年にはイラクのサダム・フセインや、アフガニスタンのタリバンとも、通信インフラの契約を結んでいる。「白猫であれ黒猫であれ、鼠を捕るのが良い猫である」とする鄧小平《とうしようへい》のスローガンを地でいく企業なのだ。

こうしたことから、ファーウェイ社はますます成長しつつある。2008年の段階で最大の取引は、中国のチャイナ・モバイルと、浙江《せっこう》、福建《ふつけん》、江蘇《こうそ》、山東《さんとう》といった30もの地方に広がる傘下の企業との、7億ドルにも達する契約であろう。

こうした条件の下で、ファーウェイ社がビジネス・インテリジェンスの驚くべき装置を利用しているとしても驚くべきことではない。この装置によって、ファーウェイ社は、ライバル企業、潜在的市場、なんとしても取り入れたい他企業の技術開発状況を知ることができる。

ロジェ・ファリゴ氏が入手した文書によると、社内には「ファーウェイ「TopEng-BI」」と称されるビジネス・インテリジェンスシステムが設けられており、そこに中国内外から流入する膨大なデータ、たとえば、銀行のオンライン決済の情報、オンライン情報分析、データ・マイニング、人工知能システム、地理情報システムといったデータなどが寄せられている。ファーウェイ社の深圳本社のインターフェースから、市場の分析、情報、見通しを入手できるのである。

このシステムは物品の購入にとって有利な支援材料であるだけでなく、多様な個人情報にアクセスするクライアントにも、精密な分析結果をもたらしている。このクライアントとは、おそらく国家安全部や人民解放軍総参謀第三部であろうと考えられている。

実際、他の携帯電話会社が活動する他の国とは違い、中国ではデータ保護を目的とする管理は行なわれていない。通話分析、顧客の利用、重要人物や、競合相手といった顧客の分析、携帯電話使用者の使用状況を自動的にモニターするシステム、顧客の個人情報、受信されたデータといった情報が人工知能システムによって分析され、利用されているのである。

表向きはマーケッティング、ないしは新市場の開拓に用いられているものの、ファーウェイ社は、アメリカのＮＳＡにも並ぶ壮大なビジネス・インテリジェンスシステムを手にしているのである。

第8章　中国を脅《おびや》かす「五毒」

北京を揺るがした「中南海《ちゅうなんかい》事件」

1999年4月24日から25日にかけて、中国の内陸部からやってきた数百台の車両が、北京の中南海を埋め尽くした。天安門事件の10周年が近づくにつれて、警察が天安門広場で警戒態勢をとっているさなかのことであった。そこに、もう一つのデモ隊が加わった。夜明けには、抗議者の数は1万名から1万5000名に達し、年齢もあらゆる世代にわたっていた。中南海といえば、主要な政府施設、それに指導者の住居が置かれている重要な地域である。彼らはその中南海を取り囲んでいたのだった。世にいう「中南海事件」である。

これは宗教団体・法輪功《ほうりんこう》によって行なわれた静かな抗議活動であった。当時の中国共産党の指導者江沢民《こうたくみん》は、この静かな運動を、自分に対する挑戦と考えた。

法輪功を創設したのは、李洪志《りこうし》であった。彼の父は吉林《きちりん》省出身の音楽家であり知識人であった。李洪志自身もかつては、満州の長春《ちょうしゅん》で自動車製造業に従事していたのだが、1992年にこの精神上のセクトを創設すると、その指導者となった。その後、李洪志はアメリカに亡命することになる。

とするならば、法輪功は、どのようにして、遠方からこれほどの大集会を組織したのだろうか。そして、なぜその前兆が見られなかったのだろうか。そして警察は、公安部は、何をしていたのだろうか。

時間が経《た》つにつれて、情勢はより危機的な色彩を帯びるようになった。この抗議者たちの中にも、共産党の幹部がいることが判明したのである。その中には、国家安全部の副部長も含まれていた。そして、北京の公安部の支局の高官が、デモを組織したのだとも言われた。

彼らが要求していたのは、ただ一つだった。それは、数日前に天津で逮捕された法輪功信者の釈放であった。

当局が恐れる義和団《ぎわだん》事件との類似

「中南海事件」はなぜ起こったのだろうか。実はこの事件の直前に、中国社会科学院の物理学者である何祚庥《かそきゅう》という人物が、「なぜ若者は気功を実践するべきではないのか?」というタイトルの辛辣《しんらつ》な論文を発表している。その中で、彼は法輪功を取り上げて、義和団《ぎわだん》事件と比較した。いわゆる義和団事件とは、清の末期に、山東《さんとう》省付近で発生した白蓮教《びゃくれんきょう》の分派である義和拳という秘密結社が起こした争乱で、１９００年に、北京に置かれた諸外国の公使館を55日にわたって包囲したという事件である。

何祚麻は主張した。法輪功は、20世紀初頭の義和団と同様に、20世紀末に中国を破壊しようとしている、と。この論文が基となって、天津では法輪功信者が逮捕された。それに抗議するために、法輪功の信者が起こしたのが、無言の抗議活動という4月25日の事件であった。

その日、曇り硝子《ガラス》のリムジンに飛び乗った江沢民は、包囲網の北部に向かい、胡同《フートン》の周辺と法輪功のメンバーが並んでいる場所で目にした光景に、しばし呆然となった。上海閥の幹部で中央警衛局局長を務めていた由喜貴《ゆうきき》が事態の深刻さを警告した。

抗議活動が始まってから10時間後、彼らは静かに帰って行った。しかし、これを機に、江沢民を筆頭とする中国共産党の指導者たちは、この底辺からふつふつと沸《わ》き起こるかのような法輪功という宗教組織の活動に強い懸念を抱くようになった。彼らが「赤い皇帝たち」を転覆するかもしれない、と恐れはじめたのである。

公安責任者・羅幹《らかん》の強硬策

江沢民は彼らを許さなかった。穏健な処置を主張する朱鎔基《しゆようき》とは反対に、強硬策を主張した。法輪功は、1980年代のポーランドの「連帯」にも匹敵する破壊工作に関与していると、江沢民は想像し、またそう宣言した。そして、この時期から江沢民と朱鎔基の関係は悪化しはじめるのである。

江沢民が頼りにしたのは、政治局常務委員で、中国の公安関係部署を統括する羅幹《らかん》であった。

「どうしてこんなことが起きた？　なぜ国家安全部は警告を発しなかった？　公安部は何をしていたのだ？」

江沢民の質問は、陰謀の存在を匂《にお》わせるものだった。羅幹は改めてその抗議運動の弾圧に乗り出した。実のところ、法輪功を抗議行動へと駆り立てるきっかけとなる論文を書いた何祚庥は、羅幹の義理の兄弟だったのである。

当時羅幹は中央政法委員会書記を務めており、公安関係の省庁を統括していた。中央政法委員会に所属しているのは、国家安全部部長の許永躍《きょえいやく》、それに公安部部長の賈春旺《かしゅんおう》であった。

羅幹は、中央政法委員会が開催されるたびに、警察の幹部と情報機関の要員に、強硬策を言明していた。国家の治安の一層の安定を計るためには、法輪功の弾圧は必要だというのだ。「強くたたけ」というスローガンを、彼は何度も繰り返した。犯罪者と反対派をたたけ。それは彼にとって同じことであった。

反法輪功プロパガンダの展開

法輪功事件で、中国共産党の指導部は結果を求めていた。羅幹には「100日」の間に、「100名」の調査組織を用いて、法輪功事件を明らかにするように厳命が下ったのである。そして、公安部には、世界中の法輪功の信者リストを作成せよという命令が下された。

6月には、羅幹は報告書を提出した。その主な結論は、次のようなものであった。

4月25日の抗議活動は、法輪功の指導者李洪志が組織したもので、彼は、4月22日に、身分を偽《いつわ》って極秘裏に北京に来訪していた。そして25日の中南海での抗議活動が始まる直前の24日に香港に出発し、その後も指示を与えるために、香港から29回にわたって法輪功の秘密基地に電話をかけていた。

その結果、北京における法輪功の指導者たちは次々と逮捕され、そのなかには、公安部北京支局の情報部長リ・チャン（Li Chang）も含まれていた。リ・チャンに対しては、1

999年末に開かれた裁判で、懲役18年という判決が下された。

法輪功は、７０００万の信奉者がいると主張している。しかし、中国情報機関の見積もりによれば、実際は３００万人程度と見られている。法輪功は世界中の40ヵ国に広がっており、李洪志は、本やカセットの販売によって膨大な資金を手にしている。本やカセットは信奉者の瞑想《めいそう》に利用されている。しかし、それ以外にも、出所の不明な資金を管理している。

アメリカでの法輪功信者が、ＣＩＡの支援を受けていることは間違いない。特に、ラジオ、テレビ、週刊誌『大紀元』の数カ国語での刊行を通じて、彼らは単なるプロパガンダという枠を越えて、中国共産党の指導者の動向に関する詳しい情報を伝えている。インターネットサイトの管理者も同様に、ＣＩＡの支援を受けていると考えられる。

以上の調査結果から、法輪功を中国全土で禁止し、法輪功を追跡する情報部門を創設すること、ダライ・ラマやチベット独立運動と同様に、西側諸国の支持を得ようとしているこの運動に対抗して、反法輪功プロパガンダを展開することが課題となったのだった。

人民解放軍の内部にも深く浸透する法輪功

羅幹の調査が進むにつれて、共産党の不安は大きくなる一方であった。というのも、調査の結果、重要人物が法輪功に帰依していることが明らかになったためである。それらの中には、中国の核ミサイルの父である銭学森《せんがくしん》も含まれていた。ほどなくして、銭学森は法輪功を禁止するアピールに署名させられたのだった。

人民解放軍の一部にも法輪功は広がっていた。調査によって明らかになったのは、憂慮この上ない事態であった。李洪志は、1992年に法輪功を創設したときに、軍の士官食堂で会議を開くことができた。人民解放軍の最も重要な部門である第二砲兵部隊の中にも、信者のサークルが存在したのである。第二砲兵部隊と言えば、日本や台湾に向けた大陸間弾道弾を管理する部門である。

さらに、もう一つの事件が、人民解放軍を揺るがすことになった。しかしこの事件は、その後、注意深く隠された。首都北京での抗議活動が行なわれた翌日の4月26日、5時30分から22時30分にかけて、広東軍区の人民解放軍司令部の通信系統が、コンピューターウイルスの侵入のために麻痺したのである。この司令部と、第二砲兵部隊、それに他の80もの基地との通信が途絶した。人民解放軍の専門家はシステムを復旧させたものの、軍の上層部の間では、その犯人に関して見当をつけかねていた。法輪功か、CIAか、台湾か、あるいはそれらが協力して行なったのかで、意見が割れていたのだ。

結局のところ、人民解放軍の兵士のうち法輪功信者は、信仰を捨てるという文書に署名をした後に、すべて退役させるという命令が下された。法輪功と接点のあった人民解放軍のエリート部隊と人民武装警察の要員は、20万人に達していた。

気功は、すでに中国人の一般生活の一部であった。たとえば、首相も務めた楊尚昆《ようしようこん》も著名な中国人医師を師として気功を行なっていたほどだ。法輪功は、健康法として太極拳を行なっている普通の市民のサークルを通じて信徒を獲得していた。中国共産党指導部にとって、これこそが法輪功問題に関する最大の懸念だったのである。

長年続いており、日常生活の一部となっている慣行を禁止することは不可能であった。そのために、羅幹は、専門の機関を設置し、ターゲットを絞った監視活動と浸透工作を実施した。その機関が、まず北京の、それから地方のあらゆる部門での作戦を調整した。外国の外交使節にも代表が派遣された。これ以降、法輪功追跡のためのこの特別な機関、すなわち610弁公室が、法輪功信徒にとっての天敵となったのである。

法輪功追跡の専門機関「610弁公室」の創設

こうして1999年6月10日、法輪功対策を責務とする610弁公室が創設された。この名前は創設された日付による。610弁公室は、共産党中央政法委員会の管轄下に置かれる独立した機関で100名のエリート捜査官が中心となり、北京から中国辺境地域にいたる約10万名の警察官が、その要員として再編された。610弁公室の実質上の指揮は、公安部副部長の劉京《りゅうきょう》に委ねられた。

最も重要な支局は、北京、上海、天津の支局であった。しかし、人里離れた田舎も含むほとんどの支局も、法輪功に対する戦いを報告しなければならなかった。それを背後から支援したのが、中国中央電視台などを用いた膨大なプロパガンダ活動であった。

多くの信奉者は、強制収容所である労働改造所に集められた。法輪功は、自らのメディアを通じて、信徒の受難、拷問、虐待、セクハラの事例を豊富に紹介し、処刑されなかった法輪功の囚人からは臓器の摘出も行なわれていると報告している。外国、とりわけアングロサクソン諸国において、彼らの公然たる非暴力主義は、弾圧されている少数派宗教として、大きな共感を集めた。

法輪功の言葉を借りれば中国版ゲシュタポである610弁公室は、カナダ、アイルランド、アメリカ、オーストラリアといったアングロサクソン諸国を筆頭として、世界中に監視網を展開している。一方でこれらの国々の議員は、法輪功組織の権利を擁護している。約10カ国の中国大使館前では、法輪功支持者による抗議活動が定番となっているほどだ。

羅幹が犯した決定的な誤り

北京オリンピックや上海万博のような大イベントが間近に迫ると、北京の中央政法委員会では、羅幹がすべての情報機関の責任者に対して協力を要請した。大使館内部に新たに派遣される610弁公室の臨時代表、もしくは常勤代表に、地域ごとの活動を報告するように求めたのである。

協力を求められたのは、中国共産党の責任者、国家安全部の支部長、中国共産党対外連絡部の支部長、中央調査部（大使館内部での規律を監視する部署）の支部長、教育顧問、警察や軍のアタッシェなどであった。大使館内部の政治部門、それに司法部門は、法輪功を禁止できるかどうか、各国の法律制度を研究することになった。それは、外部から見れば、法輪功はサイエントロジーや他の宗教セクトと似ていたからである。

しかし、羅幹のこの指令は、戦術上の決定的な誤りとなった。法輪功やチベット人、ウイグル人、それに中国の反体制派の監視のために、羅幹は、海外に展開する中国の情報機関を総動員した。しかし、結果的には、それによって中国の情報機関の組織の全貌が、ホスト国の防諜機関に暴露されてしまったのである。

しかし、それ以上に最大の誤算は、調査にあたった中国の公安当局の人間の多くが、法輪功の運動に接するうちに、逆に法輪功の運動に夢中になり、挙げ句の果ては、法輪功側のスパイになってしまったということであった。法輪功対策の活動に加わった要員は、時期が来ると、次々と亡命を企《くわだ》てたのだった。

公安当局者の相次ぐ亡命

最初に亡命したのが、韓広生《かんこうせい》という瀋陽《しんよう》市で公安局副局長を務めていた人物だった。彼は、最初に亡命した610弁公室の高官となった。韓広生は、2001年9月にトロントに到着すると、その足で亡命した。

法輪功のインターネットサイトを信用するならば、彼は、中国版シンドラーであった。シンドラーは、第二次大戦中に、ナチス政権下の数百名のユダヤ人を救ったとされる人物である。公安部に14年勤続した後に、彼は瀋陽の司法局長に抜擢された。この肩書きで、彼は、５年間、北東部にある労働改造所を監督していた。

彼の発言によれば、そこには法輪功の信徒が約５００名収監されていた。彼らが受けていた取り扱いは、韓広生にとってはとりわけショッキングなもので、15歳の女性すら警備員にレイプされていたほどであった。彼は自分の管轄下の労働改造所でのひどい扱いを禁止した。さらに、１５０名の囚人を脱獄させた。その後も、逃亡した囚人を追跡せず、自分の管轄外にあった第５キャンプで実施されていた拷問の実態に関するメモを作成していた。そのメモに、彼はこの拷問が中国憲法に違反していると記している。棒での連打、電気による拷問が用いられていたが、それは毛沢東のスパイマスター康生《こうせい》の時代に最も人気のあった拷問の手段であった。そして、韓広生は、康生を嫌悪していたのだった。

それから４年後の２００５年２月26日に、公安職員で６１０弁公室の責任者の一人だった郝鳳軍《かくほうぐん》は、香港を経由してオーストラリアに亡命した。亡命に際して中国情報機関に関する情報をＭＰ３プレイヤーに密かに隠して持参していた。その後、数カ月にわたって、郝鳳軍はオーストラリアの防諜機関であるオーストラリア保安情報機構（Australian Security Intelligence Organisation：ＡＳＩＯ）の尋問を待っていた。しかし、奇妙なことに、オーストラリア当局は彼の尋問をためらっていた。そのため、彼は自らの状況を公開する決意を固めた。2005年7月の末にASIOは、重い腰を上げ彼に尋問を行なった。彼がもたらした情報を精査することで、多くの秘密エージェントが特定されることになった。しかし、特定の名前は暗号化が施されていたために、すべてが明らかになったわけではなかった。さらに、やっかいな問題が待ち受けていた。彼が持ち込んだ資料の中身は、オーストラリア政府の外務通産省の中にスパイが存在することも示していたからである。

亡命者はそれで終わりではなかった。2005年夏に、今度は、オーストラリアの中国大使館一等書記であった陳用林《ちんようりん》がオーストラリア当局に亡命を申請した。しかし、オーストラリア外務通産省は亡命を拒否したのである。

政治亡命は拒否されたものの、陳用林は、2005年7月中旬にASIOから事情聴取を受けた。この事情聴取は郝鳳軍に先立って行なわれたが、陳を取り調べたASIOは、彼の発言内容を当初信じようとしなかった。というのも、陳用林は、オーストラリアだけで約1000名の中国人秘密エージェントが存在すると証言したためである。後に郝鳳軍はその数字を修正している。彼によれば、オーストラリアの中国人社会のおかげで、国家安全部は数千の情報源を確保していたとされる。

時間が経つにつれて、ＡＳＩＯはその危険性を理解するようになった。ＡＳＩＯは、２００７年から中国専従班を設け、北京語や広東語の通訳を10名程度採用していた。しかし、ＡＳＩＯのスポークスマン、アジア局、それに国家情報評価局の責任者は、大きな壁に直面していた。オーストラリア外務通産省が、北京との関係悪化を望んでいなかったためである。

いずれにせよ、陳用林は、オーストラリアに身を隠す民主派の活動家や法輪功の支持者によって引き取られた。その中には中国の元秘密エージェントで、法輪功に転向した人間も含まれていた。

陳用林が持参した情報は、郝鳳軍の情報とともに、非常に正確なものであった。シドニーの領事館は、法輪功のメンバー約８００名のリストを作成していたが、それは、２００１年に中国共産党が発した指令、すなわち「あらゆる領域において法輪功に対して積極的に戦い、世論の支持と共感を得る」という指令によるものであった。

多くの防諜機関の責任者は、郝鳳軍と陳用林は本物で、彼らのおかげで中国情報機関の手法が理解できるようになったと述べている。彼らが北京によって派遣されたエージェントであることは認めるにせよ、中南海が面目を大きく失ったことは間違いがない。

その翌年に、国家安全部は、あまり情報を持っていない亡命者を派遣しようとした。しかし、郝鳳軍がもたらした情報の精度の方が上回っていた。というのも、郝鳳軍は、国家安全部の地域局に所属していたのを選抜され、610弁公室に配属されたからである。国家安全部の天津支局長は、この亡命事件がきっかけとなって職を解かれた。

郝鳳軍のおかげで610弁公室の支部が海外でどのように展開されているかが判明した。彼によれば、カナダ、オーストラリア、ニュージーランド、それにアメリカではそれぞれ数百名のエージェントが活動していた。別の情報源によると、2004年に、カリフォルニアで法輪功の信徒を装っていたアメリカ人のカップルが、中国旅行専門の旅行会社で活動する610弁公室の秘密エージェントであることが暴露された。

さらに、すべての情報網は、国家安全部の監督下に置かれ、610弁公室は、在外公館のあらゆる情報機関から、法輪功に関する情報を毎日受け取っていた。法輪功の運動、会議、それにメディアへの露出などがすべて報告されていたのである。毎日収集された情報は、統合されて、中国共産党の指導者、つまり総書記、国務院、中国共産党政治局に届けられていたのだ。

フランスとドイツにおける法輪功の活動

法輪功の活動は、アングロサクソン諸国に留まらなかった。2005年10月半ばには、法輪功の機関誌『大紀元』がパリでフォーラムを開催し、そこで先ほどの亡命者、郝鳳軍と陳用林が発言したのである。このイベントはメディアで報道されることはほとんどなかったが、中国人外交官とフランスの公安機関（情報総局）の私服警部が熱心に張り込んでいた。

それから6ヵ月後の2006年5月に、ベルリンで中国の反体制派の会議が開催された。天安門事件以来、このようなイベントが開催されたのは初めてのことであった。200名近くの亡命反体制派人士が、中国民主戦線の招待により、5月17日から22日にかけての会議に参加していた。

中国大使館はドイツ警察からこの会議の情報を入手しようとしたが、参加者に関する情報を、ドイツ警察は公開しなかった。

中南海にとっては心穏やかならざる事態であった。というのも、台湾に資金援助されたこの種の会議に、天安門事件以降、法輪功のメンバーが参加するのは初めてだったからである。

ヨーロッパの法輪功の信徒の間では、二つの方向性をめぐって意見が分かれていた。一つは、中国当局との共存を希望するもので、もう一つが、中国共産党の活動家に公然とアピールを行ない、北京の政府を転覆するという、より政治的なものであった。気功の素人が、自分たちのお気に入りの健康法を実践する権利を手に入れるために、抗議活動を行なった時代は、すでに遠い昔となっていた。

これ以降、法輪功の指導者李洪志は、中国共産党を強く非難しはじめる。論争の的となった『中国共産党に関する九つの評論（九評共産党）』は信者の愛読書となった。この書物は、1921年にまでさかのぼる中国共産党の歴史を扱い、中国共産党をどのようにして崩壊させることができるかを説明している。言い換えれば、羅幹は、法輪功の運動を抑圧することで、法輪功の運動を過激化させたにすぎなかったのである。

その後も亡命は続いた。今回は、マカオ科学技術大学の助教のワン・リヤン（Wang Lian）であった。彼もまたオーストラリアに逃れた。そして法輪功関係者の庇護《ひご》に入り、彼が香港の法輪功信者の監視のため国家安全部によってリクルートされていたと告白したのだった。というのも香港では、英国植民地時代の法制度のために、法輪功は例外的に黙認されていたためである。

この悪循環に一層拍車をかけたのが、オタワの女性大使館員の亡命であった。彼女は公然と中国情報機関が北米でどのように活動しているのかを説明したのだった。そして、彼女は、劉京や羅幹などの関係者から送られた内部文書を公開した。それらの文書には、中国を脅《おびや》かす「五毒」、すなわち、法輪功、チベットの分離主義者、新疆ウイグル自治区のイスラム教徒の活動家、香港の民主主義活動家、台湾の独立派に対して効果的に戦うための推奨事項が記載されていた。

確かに、西側諸国にも、中国人の人権よりも中国との経済関係を重視する政治家や官僚は多い。実際、610弁公室の職員が亡命を試みても、ホスト国が拒否する場合がたびたび見られるのである。郝鳳軍の証言によれば、オーストラリアの外交当局にも中国側のエージェントが浸透している。郝鳳軍は、「いかなる亡命者も、（オーストラリア）外交当局に情報を与えないように」と提言しているほどだ。

しかし、その一方で、法輪功の問題は、中国の政府のみならず、中国の情報機関にも大きな問題を提起している。情報機関の要員、もしくは外交官が、中国という国家を守ろうとするならば、人間としての「良心」を捨てなければならない。その結果、多くの情報機関の要員や外交官が亡命を選んだ。その上、中国情報機関の全貌が西側諸国に暴露されたのである。

　一見したところ、無敵にも思える中国情報機関ではあるが、その要員には「良心」を持つことが許されないのだ。人間としての「良心」を持たない情報活動によって、現在の中国の体制は維持できるのだろうか。そこには大きな疑問が残るのである。

第9章　冷戦の背後に秘められた米中関係

インテリジェンスから見た中国外交

情報活動ほど国家の本音が現われる関係も少ない。したがって、情報活動の軌跡を扱うことで国家の意思もある程度明らかにすることができる。インテリジェンスというプリズムを通すことで、国際政治のダイナミズムが、部分的にせよ再現できるのだ。とするならば、中国の情報活動の痕跡をたどれば、中国という国家の意図も自《おの》ずと現われることになるだろう。1949年建国以来の中国外交を考える場合、主軸をなしたのは、一つはソビエト・ロシアとの関係であり、もう一つはアメリカとの関係であった。中国は、あるときは、ソビエトに対抗するためにアメリカに接近し、またあるときはアメリカに対抗するためにソビエトに接近する。ここで「膠《にかわ》」の役割を果たしているのが、情報活動なのである。ここではロジェ・ファリゴの『中国の情報機関』を中心に、いくつかのエピソードを紹介することにしよう。

20世紀後半におけるアメリカの政策の「導き手」は、ソビエトではなく、中国であった、といえば意外に聞こえるかもしれない。しかし、これは事実である。アメリカは、冷戦においてソビエトとは対峙《たいじ》していたものの、中国の共産主義者ともあと一歩で熱い戦争を引き起こしかねない勢いであった。アメリカ、そして台湾からの中国本土に対する情報工作は、朝鮮戦争以前から、執拗《しつよう》に継続されていた。その際に、パキスタン、インド、ビルマ（現ミャンマー）、タイ、ラオス、台湾、ホンコン、日本、それに韓国が北京に対する反攻の出発点として役立っていた。その反攻の主役となったのが、CIAと台湾であった。

台湾の主張によれば、1952年には、台湾の「自由中国海上ゲリラ部隊」は609回もの戦闘を行なった。幾つかの戦闘においては、限定戦争と見まがうほどの、大隊規模の戦闘が行なわれ、数千名の死傷者が生じた。1952年10月に、台湾は4000名の正規兵と1000名の特殊部隊によって福建《ふっけん》省の島である南日鎮に強襲を仕掛け、720名からなる囚人を奪還した。彼らは蒋介石の誕生パーティーに丁度間に合うタイミングで台湾に到着した。これらの活動を支援していたのがCIAであった。

しかし、こうした部隊が中国本土の内陸部に進撃するという誤りを犯すと、彼らはたいていの場合包囲されて、撃滅された。本土の人間を反抗にまで決起させようとする当初の試みは、徐々に大規模な沿岸部でのヒットアンドアウェイ攻撃とプロパガンダ用のパンフレットの投下に徐々に取って代わったのだった。朝鮮戦争中は、情報収集のために中国本土に多くのエージェントが投入された。

事態が危機的な状態にまで達したのは、第一次台湾海峡危機が終了しようとしていた1955年4月11日のことだった。エアー・インディアのカシミール・プリンセス号が台湾の情報機関によって爆破されたのである。この飛行機には、インドネシアで開催されるバンドン会議に向かう中国内外のジャーナリストや政府関係者らが搭乗していたが、全員が死亡した。中国外相の周恩来《しゅうおんらい》は、この飛行機に搭乗する予定だったが、直前で予定を変更し、難を逃れた。

インドもまた当初から、中国に対するCIAの出撃拠点だった。1947年のデリーでのインドの新政権発足、それに1949年の北京での中国新政権の発足当初は、インド首相のネルーは毛沢東との関係改善に熱心だった。しかし、中国の人民解放軍は小規模なチベット軍を打破し、チベットを占領した。その上、インドの外交使節を放逐してしまったため、ネルーは態度を硬化させた。CIAは、インド当局の黙認の許《もと》で、チベットに対する工作を開始した。そして、1951年3月に、軍事援助と情報機関の協力に関する米印秘密協定が調印された（リチャード・オルドリッチ『隠された手』第14章）。

その一方で、外交という点から見れば、鄧小平《とうしょうへい》以前の中国は、共産圏の内部においても、孤立化の道を突き進んでいたといってよい。スターリンが存命の頃から、中ソ関係は良好とは言えなかった。しかし、1956年2月、ソ連共産党第20回党大会で、ニキタ・フルシチョフがスターリンを批判し、資本主義諸国との平和共存路線を採択すると、中国はこれに激しく反発する。それは、スターリン批判の行き着く先が、中国共産党の体制批判につながると中国が考えたためであった。

スターリン批判を契機として、中ソ間の関係は急速に冷却化する。1959年6月、ソ連は原爆供与に関する中ソ間の国防用新技術協定を破棄。それに対して1960年4月、『人民日報』および『紅旗』が共同論説「レーニン主義万歳」を発表した。中ソ論争の表面化である。

同年6月、ソ連共産党指導部は、中華人民共和国に派遣していた技術専門家を引きあげさせた。1962年10月には中印国境紛争が勃発した。この際インドを支援したのはソ連であった。キューバ危機に際しても、中華人民共和国はソ連を「冒険主義」「敗北主義」「大国主義」として非難した。ここに至って、中ソ対立は西側の目にも明らかになった。

そして、1969年には、中ソ国境で大規模な武力紛争が生じる。いわゆる中ソ国境紛争（珍宝島《ちんぽうとう》事件）である。武力衝突こそ収まったものの、冷戦が終わるまで、中ソ双方は、国境付近に100万人の軍隊を配置して対抗していた。

このように文化大革命が終わるまでに、中国の外交上の孤立は際立っていた。西側諸国からは共産主義国家として疎《うと》まれるばかりでなく、ソ連に対しても政治路線、国境紛争を巡って根深い対立を抱えていたのである。

米中国交回復に込められた意図

友人は東から太平洋を越えてやってきた。1972年2月にニクソン大統領が中国を訪問する。その後、キッシンジャーと中国の周恩来らとの交渉が行なわれ、米中は接近を始める。米中の意図は一致していた。それは、「ソ連の封じ込め」であった。アメリカの側から見れば、インドシナ紛争の後を引き継いだベトナム戦争は泥沼に陥っていた。また、とりあえず中ソ国境紛争は収まってはいたものの、ソ連は、中国にとっても依然として最大の脅威であった。米中が手を結ぶメリットは明白であった。

その後、中国は文化大革命の終了に伴う混乱、アメリカはウォーターゲート事件と、双方の国内事情により、国交回復交渉は停滞していた。しかし、最終的に1979年1月1日に米中の国交が回復、その直後から米中の情報協力が始まるのである。

アメリカによる中国国内での傍受基地建設

1979年に、イランのホメイニ革命が勃発する。この結果、アメリカは、イラン国内に英国と共同で運営していたマシャドの巨大な傍受基地を失った。この基地はソビエト領内の通信傍受を担当していた。イラン革命で生じたこの「穴」を埋めるために、鄧小平との間で交渉がもたれた。その結果、「巨大な耳」となる施設が中国に設けられたのである。別の場所にも、これらの施設が複製されていった。

1979年5月に鄧小平は、アメリカの上院議員らに、中国への傍受施設の設置に合意した。ただ、その際に、情報は共有されるものの、作業を担当する技術者は中国人に限られるという条件が提示された。その後も、交渉は続いた。しかし、やっかいな事態が生じた。米大統領選にあたって、保守派と見なされていたロナルド・レーガンが当選したのだ。彼は、1950年代の反共の嵐が吹き荒れていた時代に、FBIのエージェントを務めていた元映画俳優であった。

とはいえ、鄧小平は失望する必要はなかった。1981年1月にレーガン政権が誕生し、それに引き続いてレーガンの友人であるビル・ケーシーがCIA長官に就任すると、中国との協力関係はいっそう強化されたからである。米中両国は、ソビエト帝国の崩壊を導かなければならない、という強迫観念に取り憑《つ》かれていた。1979年末にソビエト軍がアフガニスタンに侵攻していただけになおさらであった。

米中の協定に調印したのは、軍の大物であった耿飈《こうひょう》である。耿飈は、その10年前に、周恩来によって共産党対外連絡部の部長に指名されていた。そのために、情報活動を扱うにあたって彼は適任だったのである。

通信情報機関であるNSAの局長を務めた後にCIA副長官を務めたボブ・インマン提督は、中国人技術者を渡米させ訓練させる一方で、中国の周辺地域にNSAの傍受基地を次々と建設していた。その大部分がアフガニスタンでの戦争に向けたものであった。このアフガン戦争では、CIAと中国情報機関が共同してイスラム聖戦士《ムジャーヒディーン》の武装化に取り組んでいた。その一方で中国人技術者たちが訓練のためにアメリカへ派遣されていた。

新疆ウイグル自治区において、ソーガスとソーススパンという暗号名がつけられていた奇《き》台《たい》と庫爾勒《コーラ》の傍受基地は、CIAのシギント作戦局とNSAが提供した資材を用いて、CIAの科学技術局によって建設された。その後約10年間、米国と中国は、これらの基地を共同で運用していた。これらの基地の当初の目的は、軍縮に関するSALT2での協定を遵守するために、ミサイル実験の遠隔テストを実施することであった。しかし、それから、アラル海付近で発射されるロケット、すなわち核弾道ミサイルも調査の対象となり、シギント機能はソビエト領内での電磁波情報の収集にまで拡張された。

「パミール作戦」という名のドイツの活動

そこに新手が現われた。ヘルムート・コール政権下でのドイツ連邦情報局（ＢＮＤ）である。北京との交渉の結果、ドイツも80年代半ばから作戦に参加することになったのである。１９８９年の天安門事件に抗議して、アメリカは、中国への資材の輸出を禁止し、中国国内での活動を停止した。その代わりに、アメリカは外モンゴルに傍受基地を設けた。

西側のドイツはパミール作戦という名の下に中国領内での活動を継続した。ＢＮＤは、存在感を増していた。西側諸国の共同作業の一環としてドイツが担当していた台湾の技術者の訓練は中止された。

それ以降、人民解放軍総参謀第二部と総参謀第三部の技術者がミュンヘンに派遣され、ＢＮＤの通信学校と、ドイツ連邦軍とＢＮＤが共同運用しているシェッキングの傍受基地で訓練を受けるようになった。当時、ＢＮＤは人民解放軍総参謀部とだけ関係を持っていた。というのも総参謀第二部の部長の熊光楷《ゆうこうかい》は、かつて西ドイツ大使館の武官を務めており、ドイツのBNDとの作戦も、彼が仲介したと考えられるからである。

天安門事件の翌日には、約50名の中国人技術者が西ドイツにやってきた。問題は、その中に含まれていた一定数の中国人エージェントが、研修期間中の休日に、ドイツの防諜機関である連邦憲法擁護庁（BfV）の国内各地の州支局に接点を持とうとしたことであった。これは、反体制派の亡命中国人に関する情報を入手するためであった。

新疆ウイグル自治区で繰り広げられたパミール作戦は、しばしば、非常に複雑な形で展開されていた。中国側の戦闘機がソビエト領空を侵犯し、ソビエト空軍の反応を調査するという作戦が定期的に行なわれていた。この作戦によってパミール作戦の傍受基地のBND技術者は、ソビエトという敵の反応を記録し、その通信を分析することができるはずであった。ヨーロッパで行なわれた作戦に勝るとも劣らない興味深い作戦ではあったが、ソビエト軍は何の反応も示さなかった。アフガン戦争で身動きがとれなくなっていたためである。

しかし、驚くべきことに、ドイツの傍受施設は、対ソ通信傍受活動で中国に協力する一方で、中国の通信傍受も行なっていたのだった。

西側諸国は、ソビエト体制への憎しみに凝り固まっていたために、他の地域でも中国側と協力した。たとえば、アンゴラにおいて親ソビエト派のゲリラに対抗する際にも、さらに、カンボジアにおいて、弱体化していた親中派のクメール・ルージュに武器を輸送する際にも、西側諸国と中国との協力関係が見られた。こうして北京は西側諸国との協力を背景に、影響力を拡大させたのである。

アフガン戦争でタリバンを援助する中国

アフガニスタンへのソ連軍の軍事侵攻以来、中国軍情報部は、極東やアジアという伝統的な縄張りを越えて活動を始めていた。１９７９年のソ連軍のアフガン侵攻の翌日に、中国はアメリカの要求に応じて、アフガンの聖戦士に対する武器の補給、訓練、それに資金提供を承諾した。その後、中国はタリバンを支援するようになった。

ソ連軍がアフガン侵攻を開始した頃、北京によって提供された武器は役に立つものであった。中国が提供したシモノフＭＩ９３６や半自動小銃、カラシニコフＡＫ47アサルトライフルは、ソビエト軍と同じ弾薬を使用していたからである。アフガンのゲリラがソ連軍から弾薬を盗み出すことができれば、彼らはそれらを使用することができた。しかし、最高の武器は、アメリカの要求に応じて中国が供出した１０７㎜多弾頭ロケットであった。

アフガンの抵抗組織の支援基地は、ペシャワールにあった。そこで、ＣＩＡと中国情報機関がそこに武器倉庫を設けていた。中国人軍事顧問が、ヒンドゥークシュ山脈のヤシン渓谷で活動する一方、中国空軍の張廷発《ちょうていはつ》将軍が兵站《へいたん》部隊を監督していた。

中国はこの地域の親中派の共産主義組織を維持する心づもりだった。しかし、現地の伝統的な軍閥はといえば、中国を支持する共産主義者と、ソ連を支持する共産主義者を一切区別しなかったのである。

手始めに、中国共産党中央調査部と人民解放軍総参謀第二部は、ワハーン回廊東部を支配するラマクールという軍閥を支援した。ワハーン回廊は、ソビエト、中国、パキスタンの間で包囲された回廊である。中国はアフガニスタンと75㎞にわたって国境を接している。

それと同時に、カブール攻略を試みる毛沢東主義者への兵站を確保するゲリラに武器を供給することは、はるかに容易なことであった。その一方で、非社交的なグルブッディーン・ヘクマティヤールのようなイスラム原理主義の抵抗運動の指導者たちは、徐々に力を蓄え、そこから利益を得た。

しかし、北京の政策はほぼ行き詰まることになった。聖戦の英雄にして将来のタリバンの同盟者となるヘクマティヤールのヘズブ・エ・イスラミ・グルブッディーン（HIG）という組織が、アフガニスタン解放戦線のような親中国派の組織を壊滅に追いやっていたからである。アフガニスタン解放戦線の戦闘員は、アフガニスタンにおいても、パキスタンにおいても暗殺の憂き目に遭った。そして、1986年には、アフガニスタン解放戦線の創設者にして指導者であったフェイズ・アフマード、それにその複数の副官らが、二重スパイの手により、HIGの手に落ちたのだった。

伝説によれば、1980年8月から、人民解放軍の工兵部隊が、中国北部からシルクロード、すなわちカラコルムの通路を通ってゲリラに武器を輸送する自動車道を作り上げたということになっている。しかし、実際には、中国製の武器はイスラマバードから空輸されていた。この空輸作戦を管轄していたのが張廷発将軍である。彼は中国空軍内部の第一党書記を務めていた。それに対してカラコルム経由のルートでは、聖戦士の「戦略的家畜」であるラバが、何千頭も列を作って行進していた。

中国の武器展示場となったアフガンの戦場

いずれにせよ、1983年10月には、米国防情報局（DIA）のユージェーヌ・F・ティーグ将軍が、ロナルド・レーガンの命によって北京に派遣された。それは、人民解放軍総参謀第二部部長のファアン・ツェンジ（Huang Zhengji）将軍と、アフガン・ゲリラの活性化計画の運用を協議するためであった。

1984年までに、中国は主要な納入業者となっていた。物資の中継は、CIAとパキスタンの情報機関ISIによって確保されていた。連絡は大使館を経由して行なわれていた。

当然、中国は、それらの武器を販売することで利益を得ていた。アフガンの戦場は、中国にとっては良い武器展示場であった。しかし、アメリカという同志の強い要求にもかかわらず、中国のレーザー誘導による携帯用ミサイルを販売することはなかった。それはあまり実用的ではなかったからだ。

1985年には、パキスタン当局は、中国に、重すぎる多弾頭ロケットランチャーMBRLから、携帯用ランスロケットSBRLに替えてもらうように要求することを考慮していた。

「我々はすでに人民解放軍の変更を理解していた。しかし、これは時代遅れの武器と考えられていた」と説明するのは、イスラマバードの中国大使館付き武官シュウ・ジアン

(Zhou Jiang) である。彼は、まず５００基をパキスタン北部のラーワルピンディーに取り寄せ、１９８７年には１０００基が続いた。「この武器はカブールを攻撃する我々の能力を大いに強化した」とアブドゥル・レーマン・カーン将軍も述べている。

秘密工作員となった毛沢東の孫

しかし、ＩＳＩの責任者が語らなかったことがある。というか、おそらく知らなかったのだろう。イスラマバードにおける軍事情報作戦には、孔継寧《こうけいねい》少佐という大使館付き武官補佐が加わっていた。孔継寧というこの少佐こそ、毛沢東の孫だったのである。

このようなエージェントの選択は、中国がアフガニスタンでの作戦をどれほど重要視していたかを示している。その一方で、文化大革命を免れた貴重な毛沢東の子孫に、鄧小平はどれほど無関心であったかということも示しているのだ。

ここで、簡単に孔継寧の背景を振り返っておこう。毛沢東の二番目の妻である賀子珍《がしちん》は、長征の後、そしてソビエトに派遣される前に、１９３６年に李敏《りびん》という娘を産んだ。それから、９年後、その娘は中国に帰還した。彼女は毛沢東の四番目の妻となった江青《こうせい》によって、江青と毛沢東の実子として教育された。実の母の賀子珍は、スターリンによって精神科病院に収容されていたが、共産党が中国で勝利を収めた後で、中国に帰国することができた。しかし、上海で電気ショック療法を受けるという条件がついていた。

李敏は理系に進み、原爆を開発することになる実験施設で働くようになった。その後、中国の原爆の父と呼ばれる聶栄臻《じょうえいしん》が率いる国防科学技術工業委員会に移った。そこで、彼女は人民解放軍の将軍孔従洲《こうじゅうしゅう》の子である孔令華《こうれいか》と出会う。彼らは、１９５９年に結婚した。

その後、１９６２年に生まれたのが長男の孔継寧で、１９７２年に誕生したのが妹の孔《こう》東梅《とうばい》であった。孫たちは、中南海の毛沢東の許《もと》を訪れた。その際には、紅衛兵《こうえいへい》のコスチュームに身を固め、毛沢東の前で『毛沢東選集』の一節を朗読したのだった。四人組の失脚は、不名誉な事件だった。李敏は逮捕され、彼女の義理の母親にして教師でもあった江青は「反革命分子」として非難され、投獄された。しかし、鄧小平体制が確立すると、彼女は中国共産党の支配層に返り咲き、彼女の夫も人民解放軍のプロパガンダ部門の長となった。

21歳にして、孔継寧は、将来の特殊工作員を養成する南京の国際関係学院で学ぶ士官候補生の一員となっていた。そこで、彼は英語を学んだ。彼が初陣を飾ったのは、１９８０

年代末のパキスタンにおいてであった。大使館付き武官の補佐として派遣された彼の役割は、ISIと連絡を取っている聖戦士への武器の供給であった。

なぜ、中国の態度が急変したのか

当時のパキスタンでの中国軍事情報組織は、CIAの見積もりによれば、約300名程度であったとされるが、中国軍情報部は、当初は聖戦士に対して供給されていた物資を、パキスタンの協力により、回収し、本国に送還することになった。そのような物資の代表例が、携帯用スティンガーミサイルである。

アメリカ筋の情報によれば、中国による援助活動の末期は、お世辞にも褒《ほ》められたものではなかった。事件が生じたのは、ジェララバードの戦いの際であった。そのとき、中国は、聖戦士への弾薬の補給を拒否したのである。1989年3月から6月まで続いていたイスラム教徒のゲリラによる政府側勢力部隊への包囲戦は、反ソビエト勢力にとっての失敗に終わった。この失敗の原因は、反乱軍側の稚拙な作戦にもよるが、中国側が武器弾薬の補給を停止したことが大きかった。

それは北京がワシントンに出したサインであった。鄧小平は、89年春の天安門事件にいたるまでのアメリカの対応に大きな不満を抱いていた。天安門事件の際の活動家で中国のサハロフ博士と呼ばれた方励之《ほうれいし》を、アメリカ大使館にかくまったことにも腹立ちを隠せなかった。しかし、この態度の急変は、北京とモスクワとのはっきりとした関係改善を示してもいた。その後、中国とロシアは、急速に接近するのだ。

カブールでタリバンが権力を握っても、中国情報機関は第一線で活動していた。そして、2000年にも、国家安全部と国際関係研究院のエージェントが、アフガニスタンのイスラム原理主義政権の指導者の許《もと》を定期的に訪れていたのである。その翌年の2001年3月には、中国の通信機器会社であるファーウェイ社が、カンダハルとカブールで通信システムを整備した。それは、ファーウェイ社がフセイン大統領（当時）のイラクに対して行なった援助と同じであった。

そして、2001年9月11日の1カ月後に、アメリカによるアフガン侵攻が始まると、中国情報機関は、タリバンの情報機関の協力により、アメリカ製のミサイルを回収した。それらは北京に送られ、分解され、分析された。

中国軍事情報部は、ウイグル人の秘密エージェントを、新疆ウイグル自治区のイスラム教の小グループに浸透させることにも成功していた。この小グループは、オサマ・ビン・

ラーディン並びにアルカイダとも連携していた。皮肉だったのは、そうして浸透した中国側のエージェントが、アメリカによって捕らえられ、イスラムテロリストとしてキューバのグアンタナモ基地にまで送られたことだった。

アフガニスタンに展開された国際治安支援部隊（ＩＳＡＦ）は、アルカイダの構成員を追跡しているが、アルカイダの隠れ家の洞窟には、決まって中国製の武器が発見されたのだった。２００７年５月には、ＩＳＡＦに所属するヘリコプターの一機が撃墜されたが、それは中国製の携帯用対空ランスミサイルＨＮ５によるものであった。このミサイルは中国がタリバンに供給したものであった。これは、イランを経由してイラク国内の反体制派にわたったものと同じミサイルであった。

２００６年６月には、アフガニスタンのハミッド・カルザイ大統領が訪中し、中国に対してテロに対する戦いを強化するように懇願した。しかし、これも奇妙な話である。というのも、イスラム原理主義者タリバンに対して武器を供与して強化したのは、ほかならぬ中国だったからである。

第10章　中ロ蜜月、冷戦終結以降の大転換

米中蜜月から中ロ蜜月へ

冷戦終結以降の米中関係には、1989年の天安門事件の影響が色濃く残っていた。アメリカは中国から距離をとろうとしていたが、そのアメリカを引き止めようとしたのが中国である。中国は、アメリカとの良好な関係を維持し、その上でアメリカから政治軍事情報だけでなく、民生用の技術を入手しようと試みた。コックス報告書などにある核ミサイルに関する情報を中国が入手したのもこの時期であった。アメリカに対する果敢な情報活動の背景には、クリントン政権と中国共産党との良好な関係があった。

その関係が暗転するのが1998年のベオグラード中国大使館誤爆事件である。その後、中国は、次なる最大の潜在敵国としてアメリカに焦点を定め、昔の敵であったロシアと情報活動などの面での協力を深化させるのである。ここでは、中国外交の大転換を、やはりロジェ・ファリゴの『中国の情報機関』から紹介しよう。

チャイナゲート事件

冷戦後の米中関係を襲ったのは、一つが中国によるアメリカでの技術情報の剽窃であり、もう一つがチャイナゲート事件である。チャイナゲート事件において、商務省顧問で民主党資金管理者の一人であったジョン・ファアンは、アメリカ民主党に対する贈収賄事件に連座することとなった。アメリカ民主党は、1996年のクリントン大統領再選のために450万ドルを、インドネシアのリッポー社、中国系のタイ企業のチャルーンポーカパン、マカオのサン・キン・イップ社から受け取っていた。それらの資金のうち、30万ドルは熊光楷《ゆうこうかい》の副官で総参謀第二部部長の姫勝徳《きしょうとく》の要求で直接贈られたものだった。

罠はすでに1980年代に仕掛けられていた。この時期に、ビル・クリントンとヒラリー・クリントンはフー・リンというチャイナ・レストランでしばしば昼食をとっていた。このレストランの経営者は、チャールズ・（ヤン・リン）トリーという人物であった。ヒラリーから紹介を受けたビルは、チャールズ・トリーと友人になり、しばしば1セントも支払わずその店で食事をとった。それと同時に、ジョン・ファアンという名前の元台湾空軍兵士とも知り合いになった。

このことから二つのことがわかる。第一に、中国は、かつてのKGBのように、将来出世する可能性のあるエリートの若者に焦点を当てているということだ。第二に、中国系アメリカ人、台湾系アメリカ人が人材として欠かせないということだ。というのも、北京で立案された計画における出資者の身元を、中国系人材を用いることで曖昧《あいまい》にすることができるからだ。これは余談だが、台湾系の人間であっても、中国のスパイや工作員であるという可能性がある。日本人は特にこの可能性に留意しておくべきだろう。

ジョン・ファンは、中国系インドネシア企業のリッポー社によって雇われていた。このリッポー社は、中国企業の金融・商業面でのパートナー企業であった。ジョン・ファンは、1993年12月、ビル・クリントンによって商務副次官補に任命され、さらに、当時の商務省長官ロン・ブラウンの中国関係問題顧問となった。信じられない話であるが、事実である。こうして1994年1月には、ジョン・ファンは経済や科学技術に関する機密情報に、無制限にアクセスできるようになった。

ビル・クリントンは、ジョン・ファンをホワイトハウスに招待した。同じ頃、中国国務院の対外貿易経済合作部（MOFTEC）の傘下で、香港を本拠にするチャイナ・リソース（華潤集団）社は、リッポー社の株式の50％を占める株主となった。1996年のクリントンの再選に際して、アメリカ民主党に資金提供したのはこの企業であった。そして、このチャイナ・リソース社は、姫勝徳将軍が率いる総参謀第二部のフロント企業でもあったのだ。

チャイナゲート事件の軍事的側面は、いたって明快であった。1996年には武器商人にしてポリ・グループ会長の王軍《おうぐん》が、ホワイトハウスに招待されている。しかし、このポリ・グループは国防科学技術工業委員会（COSTIND）の傘下にある企業であり、国防科学技術工業委員会といえば、科学技術情報収集の元締めなのである。

誰がこの会見をセットアップしたのだろうか。それは、アーカンソー州のチャイナ・レストランのオーナーであるチャールズ・トリーであった。トリーはもう14年間も民主党の資金集めに協力していたのである。

チャイナゲート事件の最も有害な帰結は、中国ロビーによって入手された科学技術が壮大な規模で中国に移転されたことだった。FBIは、この技術移転に関わっている企業の包括的な一覧表を作成した。そしてアメリカ商務省が果たした役割について、報告書を作成した。商務省のカバーの許《もと》でジョン・ファンが、北京に有利なように交渉を誘導するために秘密裏に活動していたのである。

さらに気まずい事件が起きた。ボスニア上空で商務省長官ロン・ブラウンを乗せた飛行機が墜落するのである。それはホワイトハウスの大統領首席補佐官（当時）のレオン・パネッタが、中国関連の非難の対象となる文書を「保留」しておくようにと指示した直後の出来事であった。

アメリカでは、この事件はほどなく忘れ去られたが、北京では買収工作の失敗が問題になった。アメリカの新聞で何度も言及され、別の汚職事件（「遠華密輸事件」）でも名前の挙がった総参謀第二部部長の姫勝徳は解任され、軍事科学院に転属となり、その後逮捕された。2000年には、非公開の裁判で有罪となり、14年の懲役刑を受けた。香港返還時の外相を務めた父親の姫鵬飛《きほうひ》は、この処分に抗議して自殺した。

チャイナゲート事件以降、それにもまして米中関係を一気に冷却させる事件が起きた。それが、ベオグラード中国大使館誤爆事件である。

転機となった中国大使館誤爆事件

1999年5月7日から8日にかけての夜、日付けの変わる5分前のことである。アメリカはGPS誘導による統合直接攻撃弾JDAMを実戦に投入した。3月24日から、NATOはベオグラードを空爆していた。セルビア人勢力に包囲されているコソボ地方を援助し、UCK（コソボ解放軍）の独立派ゲリラを支援するというのがその口実であった。

B2爆撃機から投下された5つの攻撃弾のうち3つがネオ・ベオグラードの中国大使館を直撃した。煙が立ちこめる廃墟の中で、約30名が負傷し、3名が死亡した。公式発表では、死亡した3名は、NATOとセルビア人勢力の紛争を取材していたジャーナリストで、新華社通信の特派員の邵雲環《しょううんかん》48歳、許杏虎《きょきょうこ》29歳、それに彼の妻で『光明日報』紙の記者であった朱穎《しゅえい》27歳であった。

この誤爆に関しては国際法違反は明白であった。この事件から数時間後には、中国では抗議活動が始まっていた。

ホワイトハウスでは、クリントン大統領（当時）が戦争の状況に当惑し、中国の首脳部に電話をかけようとしたが、電話会談は拒否され、その結果、公衆の面前で謝罪せざるを得なくなった。事件後、大統領がペンタゴンから受けた説明によると、CIAは古い地図を不注意から使用してしまった。その地図によると、中国大使館は、セルビア勢力によって軍事目的のために用いられている公の建物と表示されていた。三年前に新たな大使館が建築されたことが忘れられていたというのだ。

事件から一週間が経過した5月14日、アメリカ大統領はやっとのことで江沢民《こうたくみん》と電話会談することができた。江沢民に謝罪することはできたものの、クリントン大統領は大きく面目を失うことになった。

しかし、体面を失ったのは江沢民も同じであった。ビル・クリントンの民主党政権が成立し、1998年のクリントン訪中以来築かれてきた中国とアメリカとの安定した関係を、江沢民はあらゆる手段を使って維持しようとしてきた。これに対して、人民解放軍の上層部は江沢民への批判を強めていた。

このようなわけで、中央軍事委員会の副委員長であった張万年《ちょうまんねん》は、軍の懸念を表明した。コソボの事件における中国政府の姿勢は軟弱だというのだ。しかし、共産党政治局常務委員会のメンバーは、張万年に対して、人民解放軍の指導者は冷静にしているように、と求めた。

その一方で、すでに、1999年の4月25日には首都北京で法輪功《ほうりんこう》の抗議活動が起きていた。中国の公安当局は、法輪功の抗議活動はCIAによって仕組まれた陰謀だと断言していた。米中関係には、暗雲が立ちこめつつあった。

人民解放軍の方針転換

張万年将軍は、この事件をきっかけとして「新たな世界大戦」というコンセプトを展開し、ベオグラードの事件に関してはCIAが首謀者であるという意見を公安関係者と共有していた。その根拠は次のとおりである。

1. 攻撃の命令を下したのはNATOの上層部の高官であること
2. NATOの他の諸国の同意を得ずに、米英は攻撃にゴーサインを出したが、その目的は、中国政府と世論の反応を検証することであった
3. CIAによるミサイル攻撃計画は、反共産主義作戦の枠組みの中で、長期にわたるより大きな作戦の一部を構成していること
4. CIAは攻撃の実際の意図を隠蔽するために「古い地図」といういいわけを利用していること
5. CIAは、「誤爆」を利用して、予算増額に向けてアメリカ政府と議会に圧力をかけていること

天安門事件で弾圧を指揮した遅浩田《ちこうでん》将軍は、当時国防部部長を務めていたが、アメリカを粉砕するための5項目の準備を整えることで、どのように反撃するのかを説明した。その5項目とは以下のようなものであった。

1. ハイテク戦争に勝利すること
2. 台湾海峡を着実に確保すること
3. 日米安全保障条約を軍事的に挑発することで近代戦争に勝利すること
4. 中国、もしくは複数の国家に対して、アメリカとNATOが開始する局地的第三次世界大戦に勝利を収めること
5. アメリカの中国に対する核攻撃への防衛に成功すること

それはそのとおりだろう。アメリカの技術に直面したとき、人民解放軍はまったく身動きがとれない。だからこそ、ベオグラードの誤爆事件が、20年前にベトナム軍に惨敗したときのように、人民解放軍内部に大きな動揺をもたらしたのだった。

江沢民は、疑心暗鬼になることを望まなかった。彼はまずユーゴスラビアで何が起こったのかを知ろうとした。中南海に寄せられた情報によれば、さまざまな評価が可能であった。一つはクリントン大統領の女性問題である。モニカ・ルインスキー事件は、大きな波紋を広げていた。女性問題から国民の目をそらすために、この事件を起こしたのではないかというのだ。「街の噂」では、江沢民には、宋祖英《そうそえい》を筆頭として数え切れないほどの愛

人がいるとされてきた。そんな彼ならば、この事情も理解できたであろう。しかし、外国の大使館を粉々にすることまでするだろうか。そんな突拍子もない仮説ではなくて、より合理的な説明を調査する必要があった。

誤爆事件以降、江沢民は中国共産党政治局常務委員会を招集した。しかし、NATOに対するロ中同盟を持ちかけていた当時のボリス・エリツィン大統領とは逆に、江沢民は米国に対する穏健な態度を強く推奨した。江沢民は米中関係が損なわれることを回避したかったのだ。新たな冷戦に突入するよりも、米中間の貿易を活性化させ、中国をWTOへ加盟させることが優先されたのだった。

中国とセルビアの秘められた関係

江沢民が妥協的態度を採用した背景には、もう一つの技術的理由が存在した。江沢民に近く、副参謀総長を務め、情報活動を統括していた熊光楷将軍と、総参謀第二部部長の陳《ちん》開曾《かいそ》は、7名の政治局常務委員に対して説明を行なった。

実は、中国大使館は、セルビア側と共同の秘密作戦を実行していた。NATOはそのことを正確に把握していたのである。確かにベオグラードの情報機関と北京の情報機関の協力関係は、もう20年以上も続いており、はじまりは1977年にまでさかのぼる。そのとき情報機関の責任者であったステーヌ・ドランク（Stane Dolanc）は、チトー大統領とともに中国を訪れた。その後、1983年に訪中したドランクを出迎えたのは、中国公安部副部長の陶駟駒《とうしく》であった。国家安全部の創設にあたって、ルーマニアのブカレスト、それにベオグラードに情報機関の支局を設置するための会談がその目的であった。

チトーの死後、ユーゴスラビア連邦が崩壊すると、国家安全部はセルビア情報機関との協力関係を確認した。1997年11月に、スロボダン・ミロシェヴィッチと、情報機関である国家保安局（SDB）局長のジョビカ・スタニシックが北京を訪れている。

しかし、1999年に問題になったのは中国軍情報部であった。ベオグラードの大使館員のうち重傷を負ったのは、大使館付き武官のレン・バオカイ（Ren Baokai）であった。彼はセルビア軍、特にセルビア軍情報機関VOSのブランコ・クルガ部長との連絡を担当していた。中国軍情報部が置かれていた大使館の一角が、誘導爆撃の標的の一つであったと、中国側は本部への至急報で嘆いた。しかし、その至急報は、米英の通信傍受網エシュロンによって傍受されていたのだ。中国は、反撃の方法を研究するために、最後までミサイルを追跡していた。その一方でセルビア軍も中国軍の無線施設を用いて通信を行ない、作戦を指揮していた。4月23日には、セルビア人に有利なように短波が発信されたために、ミロシェヴィッチを対象とした爆撃が中断される事件が起きていた。その後も、似たような事件が続いた。その短波が発信されたのは、中国大使館だったのである。

「私の情報源によれば、セルビア軍は短波でメッセージを送信するために、中国大使館のアンテナを利用していた」と語るのは、この問題を調査したベオグラードの雑誌『ブレメ』誌のジャーナリスト、ミロス・バシックだ。

「セルビア軍は、大使館の敷地に数百メートルの同軸ケーブルを敷設していた。中国側はそのケーブルから電波を発信しないように何度も忠告していた。しかし、セルビア軍は使いつづけた。その結果、爆撃されたんだ。同じ情報源によると、中国情報部の主要な居住区画が、中国大使館として偽装されていた。したがって、米軍は、一挙両得だったわけだ」

攻撃で死亡したジャーナリストの遺骸は北京に送られたが、その一方で、中国情報機関は、活動を継続していた。それから10日後、米英の通信傍受機関は、新たに、本国の国家安全部部長許永躍《きょえいやく》とセルビアに残る中国軍情報部の残存部隊との通信を傍受している。その内容は米国防情報局の報告書の中で、次のように要約されている。

「ベオグラードの中国大使館の要員は、爆撃された大使館の廃墟からミサイルの破片を回収して、負傷者のためのチャーター機で本国に輸送するようにという指示を受けとった」

その上、米英は、中国とセルビアの緊密な協力が、スロボダン・ミロシェヴィッチの妻によって交渉されていた証拠を手に入れた。1990年の中国旅行以来、ミロシェヴィッチの妻であったミラ・マルコヴィッチは、中国のシステム、とりわけ北京の春を驚くほど完全に弾圧した中国の方法を絶賛してやまなかった。

かつて、中国情報機関は、1979年にカンボジアのシアヌーク殿下を亡命させ、そして、その10年後にルーマニアのチャウシェスクを亡命させようとした。前首相の李鵬《りほう》と羅幹《かん》の指示により、それらの先例にならって、中国情報機関はミロシェヴィッチを国外に脱出させる計画を立案していた。作戦は国家安全部とセルビアの情報機関SDBによって計画されていたのだが、SDBの新局長は、1998年11月以降、ミロシェヴィッチの息子の友人であるラドミール・マルコヴィッチが務めていた。このマルコヴィッチも中国側への亡命を検討していた。

歴史は、その計画のとおりには進まなかった。スロボダン・ミロシェヴィッチは、ハーグにある常設国際司法裁判所の被告人として1999年5月に出廷した。その2年後には逮捕され、判決が下る前の2006年に獄死した。他の戦争犯罪人たちは、逃亡した。噂によれば、ミラ・マルコヴィッチは、ロシアに居を定める前に、中国に行こうと試みたそうだ。息子のマルコは、2000年10月9日に、外交旅券をもって北京の空港に現われた。しかし、そのパスポートは失効していたので、国外退去処分を受けた。

それでも、セルビア軍の指導者の追跡にあたっている筋の情報によれば、ミロシェヴィッチの未亡人ミラの友人で、ミロシェヴィッチの昔の協力者たちのグループが2007年に上海に現われた。その中には、憲兵隊の責任者を務め、ヨーロッパでは戦争犯罪人として指名手配されているゴラン・ラドサブレビック将軍と、情報機関の責任者で、中国のイデオロギーの影響を受けた著作『近代主義者の悪臭といかにして戦うか』によって知られるドラガン・フィリポヴィッチ、通称「フィッチャ」がいた。中国では、ドラガン・フィリポヴィッチは、少林寺のマーシャルアーツの学校と関係を持っていたことが確認されている。

中国・ロシアのインテリジェンス同盟

ソビエト体制の崩壊に際してのロシア情報機関の解体は、中国情報機関が世界に大きく展開する余地を与えた。１９９０年代初頭に、ロシアが理解したのは、国際情報活動における彼らの活動領域がきわめて狭いものになったという事実であった。エフゲニー・ティモキン将軍の下で体制がほぼ維持されたＧＲＵとは異なり、ＫＧＢは、後に首相を務めるエフゲニー・プリマコフの下で、国境警備隊、傍受部門（ＦＡＰＳＩ）、防諜部門（ＦＳＢ）、それに対外情報部門（ＳＶＲ）の４つの部門に解体された。

それ以降の数年の間に、これらのロシアの情報機関は、かつては敵であった海外の情報機関の大部分と協定を締結した。しかしながら、中国との関係は、単なる協定締結といった水準を超えるものだった。１９９２年夏に、情報機関と外交を牛耳《ぎゅうじ》る「東洋通」であったプリマコフは、ロシア側のＳＶＲとＧＲＵ、それに中国側の国家安全部と総参謀第二部という４つの情報機関の間で、秘密裏に協力協定を締結した。

１９９５年11月に、北京駐在のロシア大使イゴール・ロガチェフは、とある祭典で、両国の情報機関の協定を祝福した。その祭典とは、１９４１年にソビエトにヒトラーが侵攻するという情報をスターリンに送ったヤン・バオハン（Yan Baohang）というスパイを記念するためのものであった。そして、１９９６年にはボリス・エリツィンと江沢民は、中ロ両国が戦略的パートナーシップを発展させることを盛り込んだ「中ロ共同声明（北京宣言)」に調印した。

1999年春、NATOのセルビアへの攻撃によって、ロシアと中国の枢軸は一層強化された。両国の情報機関の大物が双方の首都を訪問していることから、このことは確認できる。1999年5月には、ロシア軍情報機関のGRU局長を務めるバレンティン・コラベルニコフは北京を訪問し、それから1カ月後には、中央軍事委員会副委員長の張万年が、情報部門の責任者として熊光楷に付き添われて、ロシアを訪れた。

モスクワ訪問の初日の6月9日、張万年と熊光楷はFSB局長のウラジミール・プーチンと会談した。戦略の協議は別としても、熊光楷はプーチンの長年の友人であった。翌日、彼らはマニロフ将軍と、「ハゲネズミ」という異名を持つGRU局長のコラベルニコフと会談した。議論にあがったのは、アメリカが極東と西ヨーロッパに展開しようとしていたミサイル防衛網に関する情報の交換であった。それと同時に問題になったのが、キューバのローデスにある通信傍受基地の人民解放軍への委譲であった。この委譲は、戦略上財政上の理由によるものであったが、2002年1月に実現した。この種の施設を維持するにあたって、中国は、ロシアよりも資金力で勝っていた。双方に有益な情報交換を行なうことには何の障害もなかった。結局のところ、アメリカを対象にした他の通信傍受基地と並んで、このキューバの基地が最も重要な施設となった。

そして今度は、2000年9月に北京で、熊光楷と、当時公安部部長を務めていた賈《か》春旺《しゅんおう》が、ロシア国境警備隊を管轄するコンスタンティン・トッキー将軍と会談をもった。国境警備隊は、過去の中越紛争を思い起こすならば、非常に重要な機関である。この三者会談の目的は、もう一つの分野での協力関係を確立することであった。それは、中国とロシアの間でだけ課題になっていた組織犯罪と不法移民という問題であった。中国移民が極東地域、たとえばハバロフスクなどの地域へ流入していた。ハバロフスクでは、それから1年後に、ロシアンマフィアが中国ギャングに暗殺されるまでになっていた。

1999年から2000年にかけて、ロシアメディアは、アムール川両岸での協力関係の拡大を報じた。「昔のスパイが手を結ぶ」というタイトルがつけられた『モスクワタイムズ』の記事には、コンスタンティン・プレオブラジェンスキーという元KGB士官の中国問題専門家の分析が掲載されている。その発言は次のようなものだった。

「ロシアと中国のスパイの間の協力は、心理的な面からいえば心地の良いものだ。結局のところ、中国スパイは、共産主義者なのだ。ロシアはといえば、昔は共産党の党員で、共産主義時代に大きなノスタルジーを感じている。その頃は彼らの名声も給与も高かったからだ。彼らは共産主義に対する共感を隠そうともしない。ロシアでは、会話の際に親愛な人間の名前に『同志』とつける言葉の語法は、スターリン時代に使われるようになった。ロシア人が中国人との間で共通の言語を見いだすのは容易だ。それと同時に、ロシアのスパイはアメリカが嫌いで、アメリカを非難している。それは資本主義の勢力範囲にあるためであり、KGBの崩壊以来、ロシアを襲ったすべての不幸の責任が、アメリカにあると考えているためだ」

「上海クラブ」の締結と、中ロ両国の狙い

ロシアと中国との同盟をもう少し掘り下げることとしよう。2002年に、ウラジミール・プーチンは、中国・インドとの三国同盟を締結しようとした。しかし、中国とインドの間の数十年にわたる不和がこの同盟を不可能にした。その一方で、長年ソビエト・ロシアの友邦であったインドはアメリカに接近した。江沢民の中国に関しては、インドの隣のパキスタンとは友好関係を築いており、貿易、特に武器売買も行なっていた。プーチンと江沢民は、中ロの戦略同盟に満足していた。両国は、アメリカのミサイル防衛システムに対しても互いに協力していた。ロシアは、西ヨーロッパで、そして、中国は台湾に対して

である。

こうした次第で、ロシアと中国は地域協定を締結した。それが「上海クラブ」もしくは「上海協力機構」と呼ばれるものである。上海協力機構は、2001年6月14日から15日にかけて設立された。中国とロシアを大きな軸とするこのグループに、カザフスタン、キルギスタン、タジキスタン、それにウズベキスタンといった旧ソビエト圏のイスラム諸国が加盟した。

上海協力機構には経済的側面もあった。しかし、2001年の9月11日のアメリカのテロ事件の翌日には、イスラム原理主義によるテロに関する側面も付け加えられた。

2002年7月16日、もはやソビエト共産党の機関紙ではなくなった『プラウダ』紙は、ロシア国家安全保障会議のウラジミール・ロウチャイロが4日間北京を訪問したことを伝えた。ロシアの情報機関と中国の情報機関の間の関係を強化することがその目的であった。この会談によって、国家安全部の副部長であった耿恵昌《こうけいしょう》と、公安部の部長であった賈春旺は、上海協力機構という枠組みを用いて安全保障上の協力をいっそう深化させるという決定を下したのだった。

その背景にあったのは、イスラム原理主義者との戦い、より正確には、チェチェンと新疆ウイグル自治区のイスラム系分離主義への戦いであった。もう一つ例を挙げよう。2005年秋に、中国公安部の孟宏偉《もうこうい》は「中国でのロシア年」を組織するための、テーマ別の作業班の一つである「安全保障グループ」の担当に選ばれた。この組織は、ロシアの防諜機関FSBとの二国間関係を強化することを目的としていた。そして上海協力機構の反テロリストグループの議長の権限で、彼はモンゴル、パキスタン、イラン、インドを招待し、反イスラムテロの戦いにおいて、これらの国家と上海協力機構の国家との力を糾合しようとしたのである。

中国にとって、これらの諸国の協力関係を強化することは非常に重要であった。かくして、2006年には、上海協力機構の会議がタシケントで開かれ、公安部副部長の孟宏偉は、2007年から2009年にかけての反テロ活動の、中国での展開計画を公表した。

北京オリンピックが近づくにつれて、情報機関相互の調整には、反テロ演習も含まれるようになった。2007年9月には、中国の特殊部隊がモスクワに赴き、ロシア国内での反テロ演習である「協力—2007」に参加している。テロ対策で重要になるのが、中央軍事委員会に直属する人民武装警察である。オリンピックまであとわずか1年というところで行なわれたこの演習によって、人民武装警察の第13特殊旅団のコマンド部隊には高い評価が与えられた。この部隊は、北京に駐留しており、すでに100回程度の作戦に従事していた。

こうした演習も上海協力機構の一環であった。そして、ロシアから見れば、この演習は2004年の、北オセチア共和国のベスランで起こった小学校での人質事件における怠慢が問題になっていた時期に行なわれていた。偶然にも、それから少し後の夏に、「平和の使命―2007」という演習では、上海協力機構に所属する6カ国から6000名がカザフスタンとの国境地域に結集し、1000名程度のイスラム過激派によって起こされた人質の集団の奪回をテーマとした演習が繰り広げられた。

しかしながら、中国とロシアの情報機関の間の円滑な協定は、ロシアの科学技術を剽窃しようとする中国の試みを妨げることはなかった。その後、ロシアのメディアでは、ウラジオストック海洋研究所におけるスパイ事件、ミール宇宙基地でのスパイ事件といった中国によるスパイ活動を報道したのだった。

棚上げにされた米中対立

以上、中国外交の背景を知るのに適したいくつかのエピソードを紹介した。ここからわかるのは、中国は、初めはアメリカ、その次にロシアといった具合に情報活動上のパートナーを取り替えながら、国力の充実に努めてきたという事実である。とりわけ、ベオグラード中国大使館誤爆事件は、中国の中長期的外交方針にとって、大きな転機であったことがわかる。先に述べたように、その後、中国は、アメリカに対抗する軍事戦略の構築に果敢に乗り出すからである。

このように見ると、２０００年初頭の段階では、米中の対決は避けられなかっただろう。しかし、そこに２００１年のアメリカ同時多発テロが生じるのである。現われつつあった米中の対立は棚上げとなった。これをチャンスとばかり、江沢民は、ブッシュ・ジュニアに対してアルカイダの情報提供を申し出た。見ようによっては、中国は、さらなる時間稼ぎに成功したようにも見えるのだ。

２００８年のリーマンショック以降、中国は自国の経済に対しても自信を覚えつつあることがうかがえる。それは軍事面においても同様であろう。２０１０年の尖閣諸島・中国漁船衝突事件、そして２０１２年の中国政府による尖閣諸島に対する領土要求は、もはやアメリカとでも互角に戦いうるという中国の自信の表われなのである。

第11章　インテリジェンスから見た習《しゅう》近《きん》平《ぺい》政権

胡錦濤《こきんとう》政権と習近平《しゅうきんぺい》政権とは、どう違うか

共産主義国家としての中国の特徴は、よかれ悪《あ》しかれ、計画国家であるという点にある。つまり、計画自身が無残な失敗を遂げない限り、後の政権にまでその計画が受け継がれるのだ。その計画の上で、それぞれの中国共産党指導者の個性が政策に反映するのである。とするならば、毛沢東時代の文化大革命のようなドラスティックな変化は期待できないということになるだろう。それでこその集団指導体制である。とはいえ、２０１２年末に習近平《しゅうきんぺい》政権が成立して以降、変化の兆候が数多く見えるのも確かである。

まず目を引くのが、２０１２年11月8日から14日にかけて開催された中国共産党第18回全国代表大会の大会報告である。この報告において、習近平が強調したのは、「中華民族の偉大な復興」の実現のために努力するということであった。11月29日には、習近平は国家博物館の「復興の道」展覧会を参観し、講話を行なった。

それによれば、「中国の夢」は「中華民族の偉大な復興」であり、それを実現する最良の方法が「中国の特色ある社会主義」であるというのだ。こうした習近平の言動から判断できるのは、習近平が国策の主軸として、中華ナショナリズムを採用しているということであり、その際に社会主義を、国家的民族的、目標達成の道具として位置づけているとい

うことだ(山口信治『フリーフィング・メモ』)。

これは胡錦濤《こきんとう》の時代の「対外開放と対外協調」とは、180度正反対の方向性と言えるだろう。そして、この場合、社会主義とは毛沢東主義を指すことは間違いがないだろう。

さらに、中華ナショナリズムと社会主義という二つの傾向を裏づけるのが、『週刊現代』(2012年10月6日号)の「消えた習近平」という記事である。

2012年9月初旬から約2週間にわたって習近平の所在が不明になるという〝事件〟が生じた。アメリカのクリントン国務長官、シンガポールの李顯龍《リー・シエンロン》首相、デンマークのトーニング＝シュミット首相といった海外要人との会談もすべてキャンセルされた。そして、日本のみならず海外でもさまざまな憶測を生んだことは、記憶に新しい。

『週刊現代』の記事によると、失踪事件の前、習近平は自ら校長を務める中央党校の機関紙『学習時報』において、次のように述べたという。

「我が国はこの10年間で、幹部の腐敗がはびこり、国民の生活格差が深刻になり、いまや多くの庶民が生活苦に喘《あえ》いでいる。こうしたことは毛沢東時代にはあり得なかったことで、これは『改革開放』の名の下での過度の対外妥協政策の副作用である。中国共産党は、図らずも党の根本理論にそぐわない『失われた10年』を過ごしてしまったが、この秋からは正しい指針を持った新時代を迎えるであろう」

「失われた10年」とは、胡錦濤の執政時代を指す。中央党校機関紙は、日本をはじめ、対外的に八方美人だった胡錦濤時代を「失われた10年」と一刀両断し、中国はこの10月末からは対外的には妥協しない強硬路線で臨むと宣言したのである。

この『学習時報』に驚愕したのが、当時中央弁公庁主任を務め、お目付役として習近平副主席に付き添っていた令計劃《れいけいかく》であった。令計劃は、過去30年近くにわたって胡錦濤主席に付き従ってきた最側近である。令計劃は、この中央党校機関紙を胡錦濤の許に届けたのだった。

その結果、激怒した胡錦濤主席は緊急常務委員会を招集し、『学習時報』の内容を批判し、習近平副主席の責任を厳しく追及した。習近平はその場で自己批判を強要させられ、「当分の間の活動禁止処分」が下されたのだった。

しかし、翌月に共産党トップに立つことが内定している習近平としては、何とも屈辱的な処分であったことは想像に難くない。2週間後の9月15日、胡錦濤は習近平の職務復帰を許可した。しかし、習近平とその一派は胡錦濤の冷たい仕打ちに甘んじてはいなかった。習派は、満を持して全国的な運動を展開することにしたのである。つまり、国民の反日感情をあおることで、胡錦濤政権を動揺させようとしたのだ。国民の反日感情が高まれば「胡錦濤〝親日〟政権は誤りだった」という論理が正当化され、胡錦濤一派が追い払えると習派は考えたのである。これが２０１２年９月から始まった反日暴動の背景であった。

こうしてみると胡錦濤に対する習近平の独自性は、中華ナショナリズム、毛沢東主義、それに反日にあるといえそうだ。

習近平の反日の起源

とはいえ、習近平の反日的姿勢は、権力闘争のための口実と、簡単に切り捨てることはできない。むしろ、反日的な思想をかなり以前から抱いていたのではないかと推測されるのだ。そのことを伝えているのが、『産経新聞』の連載記事「習近平研究　対日強硬引き継いだ『弟子』」（２０１２年11月21日）である。この第５回連載の中で、習近平が、自分の元上司である耿飈《こうひょう》の記念館を開設したというエピソードが紹介されている。耿飈といえば、先の章でも述べたように、ＣＩＡとのインテリジェンス協定を締結した対外インテリジェンスのボス的存在であった。

この点を少し詳しく説明しておこう。耿飈は中華人民共和国建国以前、八路軍の幕僚としてのキャリアを積んでいたが、建国後は外交官に転身した。1950年から5年間スウェーデン大使を務め、その後、パキスタン、ミャンマー、それにアルバニアの大使を歴任している。アルバニアは、冷戦期における中国の数少ないヨーロッパでの拠点であった。ミャンマーもごく最近まで中国の重要な友好国であり、パキスタンは現在でも中東における重要な拠点である。これらの中国との友好国との関係を築いたのが耿飈だったのだ。

そして、その耿飈は、1970年代からは情報活動を担当するようになる。1971年から1979年まで、対外連絡部の部長を務めたのだ。文化大革命の時期の中国インテリジェンスは、少なくとも国内においては、康生《こうせい》と共産党中央調査部の専横により、ほぼ崩壊していた。しかし、対外インテリジェンスは、対外連絡部によってかろうじて維持されていた。この残された対外情報活動の拠点を、耿飈が8年にもわたって長期間維持していたのである。

少し脱線するが、対外連絡部の部長もしくはその出身者は、1990年代まで中国の対外情報活動において大きな役割を果たしてきた。たとえば、耿飈の後任の対外連絡部部長は姫鵬飛《きほうひ》であった。姫鵬飛は、国務院香港マカオ弁公室主任として香港工作活動を担当した。

また、喬石《きょうせき》は1987年から1997年まで中国共産党中央政治局常務委員を務めたほどの中国共産党の重鎮であり、1980年代末から1990年代にかけて中国のインテリジェンスに強い影響力を持った人物でもあった。実際、喬石は、国内の情報活動に強い影響力を持つ中央政法委員会書記を1985年から1992年まで務めている。その喬石が1963年から1982年に至るまで一貫して在籍していたのが対外連絡部なのである。そして、姫鵬飛の後任として1982年4月から1983年6月まで対外連絡部長も務めている。つまり、70年代までの対外情報活動を担い、優れた人材を輩出していたのは中国共産党対外連絡部なのである。

話を耿飈に戻そう。党や人民解放軍で大きな影響力を持っていた耿飈は、対日強硬派として知られる政治家だった。1978年4月に、140隻を超す中国漁船が沖縄県・尖閣諸島周辺の日本領海を侵犯し、不法操業する行為が繰り返されたことがある。党の古参幹部によれば、漁民の実態は軍指揮下の民兵で、この作戦の最高責任者が耿飈だったというのだ。当時、清華大学在学中だった習近平は毎日、耿飈の執務室に出入りしていたという。習近平の知人は「まるで付き人のような存在だった」と述懐している。

耿飈が指揮した作戦は、日中平和友好条約締結をめぐる対日外交交渉を有利に進めようという思惑と同時に、強硬策をとることで、対日融和路線に不満を持つ軍や保守派の〝ガス抜き〟を図る側面もあったという。

いずれにせよ、この工作が、鄧小平による「棚上げ」発言につながっていることは間違いない。1978年10月に日中平和友好条約の批准書交換のために来日した鄧小平は、日本記者クラブでの記者会見で、尖閣諸島の問題について、「国交正常化の際、双方はこれに触れないと約束した。今回、平和友好条約交渉の際も同じくこの問題に触れないことで一致した。こういう問題は一時棚上げしても構わないと思う。我々の世代の人間は知恵が足りない。次の世代は我々よりもっと知恵があろう。そのときはみんなが受け入れられるいい解決を見いだせるだろう」と発言して、尖閣問題棚上げ論を表明した。

中国側は、1972年の日中国交正常化交渉や、1978年の日中平和友好条約の締結交渉において、尖閣問題は棚上げにすることが約束されたとの見解を示しているが、日本政府は「日中間に解決すべき領有権問題は存在しない」として、「棚上げの約束は存在しない」としている（中内康夫「尖閣諸島をめぐる問題」）。

しかし、漁船による日本政府への恫喝がなければ、鄧小平の「棚上げ論」すら存在の余地はなかっただろう。日本政府は鄧小平の「領有権問題の棚上げ」に同意していないとしているが、そうであるならばその立場を明確に公表すべきであったし、その後も機会あるたびに、声を大にして主張すべきであった。わが国の外務省の態度が不明確であり、その声があまりにも小さいところから、わが国は鄧小平の「棚上げ」提案を受け入れたとの見方が、当時から中国の内外で常識化してしまった（平松茂雄「尖閣諸島の領有権問題と中国の東シナ海戦略」）。端的に言って、これは日本外交の大失策であった。

このように強硬な中国外交を前にして日本が屈する場面を、習近平は耿飈の下で目の当たりにしていたのである。習近平が対日強硬策の有効性を、この事件を通して認識したとも考えられる。２０１２年９月、日本政府による尖閣諸島国有化を受け、中国国内で展開された反日デモや日本製品の不買運動を主導したのが習近平だったことは、複数の党関係者が認めている。

以上が『産経新聞』の記事を中心とした概要であるが、習近平の反日の根は深いといえるだろう。習近平は日本を軽視し、侮《あなど》っているのである。そして尖閣諸島問題が、日中関係の分水嶺なのである。習近平が耿飈の記念館の設置を命じたということは、習近平政権は強硬な対日政策をとることを示している。最悪の場合、日本に対する軍事活動も想定せねばならないだろう。

とはいえ、最初の議論に戻れば、習近平個人の思想によって、中国の国策が急激に変化するわけではない。中国は計画国家なのである。中国が日本に対する軍事活動を考慮しているとすれば、すでに大きなグランド・デッサンが存在しているということなのだ。

中国の対外膨張計画

そもそも中国の大規模な海洋進出は、劉華清《りゅうかせい》による1980年代の海軍改革が基礎となっている。その劉華清は、中国海軍の作戦水域は、第一列島線内部のみならず、第二列島線にまで及ぶと主張している（JPRS Report "China An Inside Look Into the Chinese Communist Navy"）。注意しておくべきなのは、第一列島線にしても第二列島線にしても日本列島にかかる線であるということだ。つまり、中国海軍が第一列島線もしくは第二列島線までの海域を支配するということは、とりもなおさず、日本も直接的もしくは間接的支配の対象になっているということを意味しているのである。一言で言えば、日本は中国にとっての侵略目標なのだ。

別の角度からこの問題を考えてみよう。2004年7月4日付の『朝日新聞』によれば、当時の胡錦濤政権が対日関係改善のため、「対日協調工作小組」を発足させたとある。当時、小泉首相の靖国参拝により日中関係は冷却化しており、中国はその関係改善を求めていた。小泉首相の後を継いだ安倍《あべ》首相の初の訪問国は中国であり、その意味ではこの小組の目的は達せられたかに見える。

しかし、「対日協調工作小組」という名称が問題である。中国共産党内部の小組で地名を冠したものを挙げれば、中央対台湾工作領導小組、その事務局として中央台湾工作弁公室、中央港澳工作協調小組（港澳とは香港マカオを指す。柏原注）、中央西藏工作協調小組（西藏はチベットを指す。柏原注）、中央新疆工作協調小組を挙げることができる（ラヂオプレス『中国組織別人名簿　2012』）。このラインナップに、対日協調工作小組が加わったのである。地名を改めて並べてみよう。台湾、香港・マカオ、チベット、新疆、それに日本である。日本を除けば、中国が実効支配しているか、もしくは実効支配しようとしている地域であることに気づくだろう。台湾、香港・マカオ、チベット、新疆に対して現在中国が行なっている工作が、日本に対しても行なわれる可能性がある。それはすなわち、日本が香港やマカオのように、中国の実質的な植民地となるか、あるいは、チベットや新疆ウイグル自治区のように、激しい弾圧がしばしば加えられる直轄地になるという可能性を暗示しているのだ。

たしかに、中国に日本を占領支配するだけの能力があるかといえば、それは別問題である。また、時の中国の権力者が最終的に日本に対する軍事行動を検討するかどうかも、状況次第だろう。

しかし、この対日協調工作小組が、対日関係では比較的友好的であった胡錦濤の時代に設立されたことの意味は重い。胡錦濤であれ、習近平であれ、誰がトップに立とうと、日本への直接間接の侵略は、中国という国家の長期目標であるということを示しているからである。

中国インテリジェンスの盲点

とはいえ、中国インテリジェンスには欠陥もある。そのうちの一つを紹介して本書の締めくくりとしたい。

日本単独ならば、現段階で中国の軍事的脅威には対抗できないかもしれない。たとえていうならば、ナチス・ドイツに侵攻、占領される前のフランスのようなものだ。しかし、当時のフランスと現在の日本には大きな違いがある。それはアメリカという同盟国の存在である。したがって、日中の対決は、日米VS中という対決として考えなければならない。

すでに述べたように、中国はサイバー戦によって米軍の通常戦力を麻痺《まひ》させる算段である。その上で、核のカードを使ってアメリカを恫喝《どうかつ》し、アメリカが怯《ひる》んだ隙に、日本への軍事作戦を展開するという可能性が考えられる。

実際、習近平は戦略ミサイル部隊である第二砲兵部隊を重視しており、２０１２年12月5日の第二砲兵部隊の党代表大会で演説を行ない、「軍事衝突に備え、強大な戦略ミサイル部隊の建設に努力するよう」激励したほどである。

また習近平は２０１２年11月24日、党中央軍事委員会主席の肩書きで、上将昇格式を行ない、軍の第二砲兵部隊（戦略ミサイル部隊）トップの魏鳳和《ぎほうわ》司令官に上将昇格の命令状を手渡している。胡錦濤がまだ国家中央軍事委員会主席の座にあるにもかかわらず、党中央軍事委員会主席に就任したばかりの習近平が上将任命式を主宰するのはきわめて異例といえる。

しかし、逆に言えば、習近平が第二砲兵部隊に期待するところもかなり大きいと考えられるだろう。

そして中国によるアメリカへの核の恫喝はすでに1995年から始まっている。1995年秋にチャールズ・フリーマン元国防次官補が北京で熊光楷副参謀総長に会ったときに、「中国はすでに、米軍が破壊することができない移動式の核戦力を所有している。我々にロサンジェルスを核攻撃されたくなかったら、台湾紛争に介入するな」と恫喝を受けている。

また、2005年には国防大学の朱成虎《しゆせいこ》少将が、外国メディアも含めた記者会見において、アメリカに対する核の先制使用をほのめかし、台湾紛争に軍事介入するならば、中国はアメリカに対して核兵器を先制使用すると断言したのだ。この発言は、『ウォールストリートジャーナル』や『ファイナンシャルタイムズ』といった新聞が一斉に報道し、米議会は朱成虎の罷免要求を中国に求めたほどであった（伊藤貫『中国の核が世界を制す』）。

これではまるで東西冷戦の再現ではないか。しかし、驚くべきことにアメリカは、中国の核のカードに対して、核の削減で答えたのである。オバマ大統領は、核の削減を提唱してノーベル賞を受賞した。冷戦終結以降、アメリカは核兵器の数を削減しているが、オバマ大統領の就任以降も着実にその数を減らしているのだ。

前置きが長くなったが、話はここからが本番である。中国のインテリジェンスは、アメリカの核削減の背景に関してどこまで情報を集め、分析したのだろうか。習近平の傲岸不遜《ごうがんふそん》な態度を見るにつけて、その分析はない、もしくは中国共産党の指導部にまで届いていないと考えざるを得ないのだ。

アメリカの核軍縮に関しては、これまでは精密誘導爆撃技術の進化によって核を持つ必要がなくなったためであるという説明がなされてきた。確かに、中国の核の脅威を前にしても、アメリカは核を最小限にまで一方的に削減している。その一方で、オバマ政権下でも米エネルギー省傘下の核安全保障局が核の性能実験を実施している。核が必要なくなったのであれば、核の性能実験も必要がないのではないだろうか。

ここから想定される結論は一つである。すなわち、アメリカは核兵器を無力化する、もしくは敵の核兵器を誘爆させる技術を完成させた可能性が高いということだ。中国が核のボタンを押せば、その核がアメリカや日本に飛び去る前に、中国本土で爆発してしまうかもしれないのである。素人でもわかるこの程度の結論を、中国のインテリジェンスは導くことができないのである。中国インテリジェンスの最大の弱点。それは、この分析能力の欠如なのである。

しばしば中国は、19世紀末のドイツ帝国と対比される。当時のヨーロッパでは、ドイツほど情報活動に重点を置いていた国はない。しかし、第一次大戦でドイツ帝国は瓦解《がかい》した。20世紀のナチス・ドイツにしても同様だ。情報活動は積極的に行なうのだが、ビスマルクの成功例を除けば、ほぼ例外なく空回りに終わり、国家の敗北で幕を閉じるのである。中国もその轍《てつ》を踏むのではないか、と私には思えてならないのだ。

主要参考文献

Andrew Defty, *Britain, America and Anti-Communist Propaganda 1945–53* (London Routledge, 2004)

Bill Gertz, *Enemies How America's foes steal our vital secrets - and how we let it happen* (New York, Crown Forum, 2006)

Christopher Andrew, Vasili Mitrokhin, *The World was Going Our Way The KGB and the Battle for the Third World* (New York, Basic Books, 2005)

David Shambaugh, "China's International Relations Think Tanks: Evolving Structure and Process", *The China Quarterly*, Vol 171 (September 2002) pp 575–596.

David Shambaugh, *Modernizing China's Military Progress, Problems, and Prospects*, (Los Angeles, University of California Press, 2002)

Desmond Ball, *Burma's Military Secrets Signal Intelligence (SIGINT) from 1941 to Cyber Warfare* (Bangkok, White Lotus, 1998)

Ernest R. May (eds), *American Cold War Strategy Interpreting NSC 68* (New York, Bedford /St. Martin's, 1993)

Gary Waters, Desmond Ball, Ian Dudgeon, *Australia and Cyber-Warfare* (Canberra, ANU E Press, 2008)

I. C. Smith, Nigel West, *Historical Dictionary of Chinese Intelligence* (Lanham, The Scarecrow Press, Inc, 2012)

James Bamford, *Body of Secrets Anatomy of the Ultra-Secret National Security Agency* (New York, Random House, 2002)

James C. Mulvenon, Andrew N.D.Yang (eds), *The People's Liberation Army as Organization Reference Volume v.1.0*, (Santa Monica, RAND, 2002)

Michael Chase, James Mulvenon, *You've Got Dissent! Chinese Dissident Use of the Internet and Beijing's Counter-Strategies* (Santa Monica, RAND, 2002)

Michael Herman, *Intelligence Services in the Information Age* (London, Routledge, 2001)

Peter Mattis, "The Analytic Challenge of Understanding Chinese Intelligence Services", *Studies in Intelligence* Vol. 56, No. 3 (September 2012) pp. 47–57

Richard Bullivant, "Chinese Defectors Reveal Chinese Strategy and Agents in Australia", *National Observer* (Council for the National Interest, Melbourne), No. 66 (Spring 2005) pp.43–48

Richard Deacon, *The Chinese Secret Service* (London, Grafton Books, 1989)

Richard J. Aldrich, *The Hidden Hand* (New York, The Overlook Press, 2002)

Robert Laurence Kuhn, *The Man Who Changed China The Life and Legacy of Jiang Zemin* (New York, Crown Publishers, 2004)

Robert M. Gates, *From the Shadows* (New York, Simon & Schuster, 1996)

Roger Faligot, *Les services secrets chinois : De Mao à nos jours* (Paris, Nouveau Monde Editions , 2010)

Nicholas Eftimiades, *Chinese Intelligence Operations*, (Maryland, Naval Institute Press, 1994)

Stephen Dorril, *MI6* (London, The Free Press, 2000)

Timothy L. Thomas, "China's Electronic Strategies" *Military Review* (May–June 2001) pp.47–54

Timothy L. Thomas, "Comparing US, Russian and Chinese Information Operation Concepts" *Foreign Military Studies Office* (Fort Leavenworth, KS 66048, February 2004) at www.dodccrp.org/events/2004_CCRTS/CD/papers/064.pd

Xuanli Liao, *Chinese Foreign Policy Think Tanks And China's Policy Toward Japan,* (Hongkong, Chinese University Press, 2006) pp.114–121

Willy Wo-Lap Lam, *Chinese Politics in the Hu Jintao Era* (New York, M.E. Sharpe, Inc., 2006)

Foreign Broadcast Information Service, "JPRS Report China An Inside Look Into the Chinese Communist Navy", (U.S.Department of Commerce National Technical Information Service, Springfield, 1990) at http://www.dtic.mil/cgi-bin/GetTRDoc?AD=ADA343040

Bryan Krekel, Patton Adams, George Bakos, *Occupying the Information High Ground: Chinese Capabilities for Computer Network Operations and Cyber Espionage* (Northrop Grumman, 2012)（なお日本語訳に関しては、防衛基盤整備協会のHPにおいて閲覧可能である）

Mark A. Stokes, Jenny Lin and L.C. Russell Hsiao, *The Chinese People's Liberation Army Signals Intelligence and Cyber Reconnaissance Infrastructure* at http://project2049.net/documents/pla_third_department_sigint_cyber_stokes_lin_hsiao.pdf

Xuezhi Guo, China's Security State Philosophy, Evolution, and Politics (New York, Cambridge University Press, 2012)

米中経済安全保障検討委員会の年次報告書　http://www.uscc.gov/

ロジェ・ファリゴ、レミ・クーファー『中国諜報機関　現代中国【闇の抗争史】』黄昭堂訳、光文社、１９９０年

ロジェ・ファリゴ『最新「中国諜報機関」』永島章雄訳、講談社、１９９９年

許家屯『香港回収工作（上・下）』青木まさこ、小須田秀幸、趙宏偉訳、筑摩書房、１９９６年

袁翔鳴『蠢く！中国「対日特務工作」マル秘ファイル』小学館、２００７年

松村昌廣『軍事情報戦略と日米同盟』芦書房、２００４年

江口博保、吉田暁路、浅野亮編著『肥大化する中国軍―増大する軍事費から見た戦力整備―』晃洋書房、２０１２年

坪田敏孝「中国共産党中央の権力構造の分析」問題と研究　38(3), 91-152, 2009-07
防衛省防衛研究所編『東アジア戦略概観　2004』『同　2011』『同　2012』
日隈威徳『勝共連合』新日本出版社、1984年
福田博幸『中国対日工作の実態』日新報道、2006年
ウィリアム・バー編『キッシンジャー［最高機密］会話録』鈴木主税、浅岡政子訳、毎日新聞社、1999年
山口信治「ブリーフィング・メモ　中国共産党第18回全国代表大会と習近平政権の始動」防衛研究所ニュース、2012年12月号
中内康夫「尖閣諸島をめぐる問題」参議院外交防衛委員会調査室（http://www.sangiin.go.jp/japanese/annai/chousa/rippou_chousa/backnumber/2010pdf/20101201021.pdf）
平松茂雄「尖閣諸島の領有権問題と中国の東シナ海戦略」杏林社会科学研究、第12巻第3号、1996年12月
ラヂオプレス『中国組織別人名簿　2012』2011年12月
伊藤貫『中国の「核」が世界を制す』PHP研究所、2006年
天児慧他編『岩波現代中国辞典』岩波書店、1999年

主要参考文献

日外アソシエーツ『中国人名辞典』紀伊國屋書店、1993年
落合浩太郎編『インテリジェンスなき国家は滅ぶ』亜紀書房、2011年
中西輝政『情報亡国の危機　インテリジェンス・リテラシーのすすめ』東洋経済新報社、2010年
春名幹男『米中冷戦と日本』PHP研究所、2012年
オンラインマガジン、インテリジェンスオンライン（http://www.intelligenceonline.com/）

あとがき

本書は、一言で言えば、フランス情報史研究のスピンオフである。というのも、本書で紹介した逸話の多くが、ロジェ・ファリゴの『中国の諜報機関』と、オンラインマガジンの「インテリジェンスオンライン」に由来するからである。残念ながら、1980年代以降の中国の情報機関を扱った英米の包括的な研究書は存在しない。そこを、フランスの文献並びに情報で補ったわけだ。

本書の内容に関しては、いわゆる伝聞情報は一切用いていない。すべて公開された情報によっている。固有名詞の表記などは極力正確を期したつもりである。表記の確認に際しては、インターネット上のChina Vitaeや中国語版ウィキペディアなどのサイトを利用した。

内容に関しては、読者の審判を待ちたいと思う。日本と中国との関係が微妙な時期に、このような書物を世に問えるのは筆者としてこれに勝る喜びはない。

本書を作成する上で多くの人のお世話になった。京都大学名誉教授の中西輝政《なかにしてるまさ》先生には、厚かましくも電話でいろいろとご相談に与《あずか》ることができた。また情報史研究会の小《こ》島吉之《じまよしゆき》氏には、中国の情報機関に関する文献を教えていただくことができた。この場を借りて心からのお礼を申し上げたい。

また、産経新聞社の『正論』編集部の小島新一《こじましんいち》氏にもお礼を申し上げたい。2012年の『正論別冊』で、中国経済インテリジェンスの記事を書かせてくださったおかげで、本書があるからである。

本書の作成にあたっては、祥伝社の角田勉《つのだまさる》氏ならびにスタッフの皆様に大変お世話になった。原稿があれよあれよと遅れてしまい申し訳ない気持ちでいっぱいです。ありがとうございました。その角田氏を紹介してくださったのが、評論家の西尾幹二《にしおかんじ》先生である。万事がこの調子で、いつも西尾先生のお世話になりっぱなしなので、機会があればご恩返しができればと思うことしきりである。

最後に、私の母と今はなき父に感謝して、本書を終えることとしたい。

切りとり線

★読者のみなさまにお願い

この本をお読みになって、どんな感想をお持ちでしょうか。祥伝社のホームページから書評をお送りいただけたら、ありがたく存じます。今後の企画の参考にさせていただきます。また、次ページの原稿用紙を切り取り、左記まで郵送していただいても結構です。

お寄せいただいた書評は、ご了解のうえ新聞・雑誌などを通じて紹介させていただくこともあります。採用の場合は、特製図書カードを差しあげます。

なお、ご記入いただいたお名前、ご住所、ご連絡先等は、書評紹介の事前了解、謝礼のお届け以外の目的で利用することはありません。また、それらの情報を6カ月を越えて保管することもありません。

〒101―8701（お手紙は郵便番号だけで届きます）
祥伝社新書編集部
電話03（3265）2310
祥伝社ホームページ　http://www.shodensha.co.jp/bookreview/

★本書の購買動機（新聞名か雑誌名、あるいは○をつけてください）

＿＿＿＿新聞の広告を見て	＿＿＿＿誌の広告を見て	＿＿＿＿新聞の書評を見て	＿＿＿＿誌の書評を見て	書店で見かけて	知人のすすめで

★100字書評……中国の情報機関

名前

住所

年齢

職業

柏原竜一　かしはら・りゅういち

昭和39年生まれ。京大西洋史学科、仏文科卒。情報史研究家。中西輝政氏（京大名誉教授）が主宰する情報史研究会に所属。著書に『インテリジェンス入門』（PHP研究所）、論文収録作品として『インテリジェンスの20世紀』（千倉書房）、『名著で学ぶインテリジェンス』（日経ビジネス人文庫）、『亡国のインテリジェンス』（日本文芸社）、『自ら歴史を貶める日本人』（徳間ポケット）などがある。

中国《ちゅうごく》の情報機関《じょうほうきかん》
世界《せかい》を席巻《せっけん》する特務工作《とくむこうさく》

柏原竜一《かしはらりゅういち》

2013年３月10日　初版第１刷発行

発行者……………竹内和芳
発行所……………祥伝社しょうでんしゃ
〒101-8701　東京都千代田区神田神保町3-3
電話　03(3265)2081(販売部)
電話　03(3265)2310(編集部)
電話　03(3265)3622(業務部)
ホームページ　http://www.shodensha.co.jp/

装丁者……………盛川和洋
印刷所……………萩原印刷
製本所……………ナショナル製本

Printed in Japan　ISBN978-4-396-11311-7　C0236